一個數學家的嘆息

A Mathematician's Lament

How School Cheats Us Out of Our Most Fascinating and Imaginative Art Form

如何讓孩子好奇、想學習，
走進數學的美麗世界

Paul
Lockhart

保羅・拉克哈特 | 著

高翠霜 | 譯

自由學習 2

一個數學家的嘆息

如何讓孩子好奇、想學習，走進數學的美麗世界

作 者	保羅·拉克哈特（Paul Lockhart）
譯 者	高翠霜
責 任 編 輯	林博華
行 銷 業 務	劉順眾、顏宏紋、李君宜

總 編 輯	林博華
發 行 人	涂玉雲
出 版	經濟新潮社
	104台北市中山區民生東路二段141號5樓
	電話：（02）2500-7696　傳真：（02）2500-1955
	經濟新潮社部落格：http://ecocite.pixnet.net
發 行	英屬蓋曼群島商家庭傳媒股份有限公司城邦分公司
	104台北市中山區民生東路二段141號11樓
	客服服務專線：02-25007718；25007719
	24小時傳真專線：02-25001990；25001991
	服務時間：週一至週五上午09:30~12:00；下午13:30~17:00
	劃撥帳號：19863813　戶名：書虫股份有限公司
	讀者服務信箱：service@readingclub.com.tw
香港發行所	城邦（香港）出版集團有限公司
	香港灣仔駱克道193號東超商業中心1樓
	電話：852-25086231　傳真：852-25789337
	E-mail: hkcite@biznetvigator.com
馬新發行所	城邦（馬新）出版集團 Cite (M) Sdn Bhd
	41, Jalan Radin Anum, Bandar Baru Sri Petaling,
	57000 Kuala Lumpur, Malaysia.
	電話：(603) 90563833　傳真：(603)90576622
	E-mail:services@cite.my
印 刷	宏玖國際有限公司
初 版 一 刷	2013年6月13日
初版十五刷	2023年4月10日

城邦讀書花園
www.cite.com.tw

ISBN：978-986-6031-35-9

定價：250元

〈出版緣起〉
自由學習，讓人生更美好

經濟新潮社編輯部

經濟新潮社成立至今已經十二個年頭。本著「以人為本位，在商業性、全球化的世界中生活」的宗旨，我們出版了許多經營管理、經濟趨勢相關的書籍。

然而，近年來台灣的變化很大。

社會的既有制度規範，與人們的需求與期望產生落差；民間自主力量的崛起，加上網路科技的進步，媒體、文化、消費的生態已大不相同了；而企業界大多在轉型的壓力下掙扎，暴露出從基礎能力到尖端創新的不足。

金融海嘯的影響所及，也暴露出資本主義的缺陷。人們開始更關心工作與生活的意義、他人的處境、或是制度的合理性。

有些事，應該要超越商業、實用性的思考。

我們成立「**自由學習**」這個書系，是希望回到原點
——在商業、實用之外，學習應該是自主的、自由的，閱
讀可以是愉悅的、無目的性的、跨界的。不論我們生活在
何種文化，從事何種領域的工作，我們都擁有自由，透過
書，可以看到不同領域的東西、理解他人、反省人與人的
關係；也可以反思做人的根本、作育下一代的基礎；也獲
得再生的能量，更新自己的想法。

　　就從一些基本的東西開始吧。找回人的本質、生存的
意義，或是享受純粹的知識樂趣或閱讀快感，應該是比商
業更重要的事。透過自由的學習、跨界的思考，讓我們的
人生更圓滿，邁向一個互相理解、共生的社會。也許長路
迢迢，但是希望能在往後的出版過程中實踐。

目　次

如果你要造船，不要招攬人來搬木材，不要指派人任務和工作，而是要教他們去渴望那無邊無際廣袤的大海。

——Antoine de Saint-Exupery，《小王子》作者

前言

齊斯・德福林（Keith Devlin）
史丹佛大學教授

2007年下半年，在我的一場演講會上，有個聽眾交給我一份25頁的打字文稿，標題是〈一個數學家的嘆息〉（A Mathematician's Lament），說我可能會喜歡這篇文章。這篇文章是一位數學教師保羅・拉克哈特（Paul Lockhart）在2002年所寫的，從那時起，它就在數學教育的小圈子裏祕密流傳，但是從未正式發表過。這位聽眾顯然低估了我的反應——我非常地喜歡這篇文章。這位保羅・拉克哈特，不論他是何方神聖，我覺得他的文字應該有更廣大的讀者，因此，我做了一件以前從未做過，未來也可能不會再做的事：找尋這篇文章的作者——這有點難，因為文章裏沒有聯絡資訊——並且得到他的同意之後，我在「美國數學協會」（Mathematical Association of America）的網誌

MAA Online（www.maa.org）我的每月專欄「德福林觀點」
（Devlin's Angle）當中，以該文的原貌轉載全文。這是能
讓這篇文章在數學界及數學教育圈子曝光，我所知道最快
而且最有效的方法。

2008年3月，〈一個數學家的嘆息〉在我的專欄中刊
出時，介紹文我是這樣寫的：

> 坦白說，這是對於當前K-12（從幼稚園到十二年
> 級）的數學教育，我所見過寫得最好的評論之一。

當時我期待會有熱烈的迴響。文章刊出後，引來的是
燎原大火。保羅的文字在全世界激起了極大的共鳴。除了
許多人寫email來表達讚賞之意，還有蜂擁而至的請求，
要求授權轉載以及翻譯——礙於協議，我沒有刊登保羅的
聯絡方式，所以很多要求是衝著我而來的。（你手上的這
本書，也是因此而產生的。）

保羅所說之事，許多數學家及數學教師也曾經說過。
對於數學教育理念不同，因而反對保羅觀點的人，保羅所
提出的觀點也不是新鮮事。不同的是，保羅文字中的說服

力以及他所流露出的強烈熱情。這不只是一篇好文章；這是偉大的作品，真正的發自內心。

　　毫無疑問，〈一個數學家的嘆息〉一文以及因而衍生出的這本書，都是表達意見的作品。保羅對於應該如何教授數學有很強烈的意見，而且強力辯護他所主張的教法，及反對現今學校數學教育的現狀。然而，除了他個人深具魅力的寫作風格之外，更特別的一點是，他對於艱難又備受爭議的數學教育課題，提出了看法，這是很少人能夠想得出來的。保羅的經歷比較少見，他是個成功的專業數學家，在大學裏教書，後來發現他的真正使命在 K-12 教育，因而投身其中，至今多年。

　　這本書，在我看來，和它的原稿一樣，對於每一位要從事數學教育的人、每一位學齡孩子的家長、每一位負責數學教學的學校或政府官員而言，都應該是必讀之作。你可能不是完全同意保羅的說法。你可能認為他主張的教學方法不是每位教師都能夠成功運用的。但是你應該讀一讀並想一想他的說法。這本書已經是數學教育世界裏的顯著地標，不能也不應該被忽略。在此我並不打算告訴你我認

為你該做何回應。就像保羅自己也會同意的,這應該是讀者的事。但我要告訴你的是,我會愛死了保羅‧拉克哈特來當我的數學老師。

(數學家齊斯‧德福林為2004年國際畢達哥拉斯獎、2007年卡爾‧沙根科普獎得主。史丹佛大學人文科學與先端科技研究中心〔H-STAR〕共同創辦人及資深研究員,同時也是國家公共廣播電台〔National Public Radio〕週末版的「數學人」〔The Math Guy〕專欄作者。)

〔推薦序〕

大破大立
──難得一見的數學教育好書

洪萬生
台灣師大數學系退休教授

　　這本書《一個數學家的嘆息》應該是我所見過的數學教育宣言中最基進的（radical）一篇了。作者保羅‧拉克哈特（Paul Lockhart）是一位成功的專業數學家，公元2000年，他毅然轉入紐約市一所涵蓋K-12年級的中小學任教，身體力行他認為有意義的數學教學活動。本書即是他的現身說法，因此，他對於美國目前中小學數學教育的現實之沉重但真誠的嘆息，似乎沒有幾個有識之士敢視而不見。

　　事實上，本書（分上、下兩篇）所呈現的願景，乃是

中小學數學教育的一種烏托邦。通常我們面對烏托邦，似乎總是看看就好，大可不必認真。然而，我仔細閱讀（英文原文⊕中譯文）之後，對於邀約寫序，多少有些猶豫與掙扎。對照我自己的數學經驗，我將如何推薦本書呢？我自己曾在台灣師大數學系任教將近四十年，主要授課如數學史都涉及未來與現職的中學教師之專業發展，而且也曾指導過幾十位在職教師班的碩士生，所以，我對於（台灣）數學教育現實的興革，當然也有相當清晰的理想與願景。不過，經歷過那麼多的數學教育改革爭議之後，我覺得務實地訓練與提升教師的數學素養，恐怕是最值得把握的一條可行進路。

話說回來，作者的願景所引伸出來的策略，也並非完全不可行！譬如說吧，在本書結束時，作者語重心長地鼓勵老師「需要在數學實在中悠遊。你的教學應該是從你自己在叢林中的體驗很自然地湧出，而不是出自那些在緊閉窗戶車廂中的假遊客觀點。」因此，「丟掉那些愚蠢的課程大綱和教科書吧！」因為「如果你沒有興趣探索你自己個人的想像宇宙，沒有興趣去發現和嘗試了解你的發現，

那麼你幹嘛稱自己為數學教師？」

　　對許多數學教師來說，要是丟掉課程大綱與教科書，大概會有一起丟掉洗澡水與嬰兒的制式（conventional）焦慮感，儘管有一些教師平常教學時，根本不太理會課程大綱與教科書內容，而只是使用自己或同仁共同編輯的講義。然而，不管你是否贊同拉克哈特的主張，也不管他的主張是否能夠付諸實現，本書是老師、家長與學生都不容錯過的金玉良言，值得我們咀嚼再三。底下，我要稍加說明我大力推薦本書的三個理由。

　　本書上篇主題是「悲歌」，依序有〈數學與文化〉、〈學校裏的數學〉、〈數學課程〉、〈中學幾何：邪惡的工具〉以及〈「標準」數學課程〉等五節。下篇主題是「鼓舞」，但不分節論述。上篇文字曾由齊斯‧德福林（Keith Devlin）安排，在MAA線上（MAA Online）每月專欄「德福林觀點」全文披露（2008年3月），獲得大大超乎預期的迴響。在上篇一開始，作者拉克哈特利用虛構的音樂與繪畫之學習夢境，說明相關語言或工具的吹毛求疵，讓這些藝術課程之學習，變得既愚蠢又無趣，最終摧毀了孩

子們對於創作模式那種天生的好奇心。或許上述夢魘並非真實，但是，「類比」到數學教育現場，卻是千真萬確。而拉克哈特的立論，是一般人容易忽略的數學知識活動特性：數學是一門藝術！至於它和音樂和繪畫的差別，只在於我們的文化並不認同它是一門藝術。拉克哈特進一步指出：

> 事實上，沒有什麼像數學那樣夢幻及詩意，那樣基進、具破壞力和帶有奇幻色彩。我們覺得天文學或物理學很震撼人心，在這一點上，數學完全一樣（在天文學發現黑洞之前，數學家老早就有黑洞的構想了），而且數學比詩、美術、或音樂容許更多的表現自由，後者高度依賴這個世界的物理性質。數學是最純粹的藝術，同時也最容易受到誤解。

這種主張呼應了英國數學家哈帝（G. H. Hardy）之觀點：數學家是理念模式（patterns of ideas）的創造者。在他的《一個數學家的辯白》（*A Mathematician's Apology*）中，哈帝藉此宣揚他的柏拉圖主義（Platonism）。不過，拉克哈特卻將柏拉圖的理念（ideas）拉回到人類玩遊戲

的層次:「我純粹就是在玩。這就是數學——想知道、遊戲、用自己的想像力來娛樂自己。」事實上,在遊戲的情境中,人們會基於天生的好奇,而開始探索。而這無非是人類學習活動的最重要本質所在。反過來,如果數學學習只是要求學生死背公式,然後在「習題」中反覆「套用」,那麼,「興奮之情、樂趣、甚至創造的過程會有的痛苦與挫折,全都消磨殆盡了。再也沒有困難了。問題在提出來時也同時被解答了——學生沒事可做。」對於這種強調精準卻無靈魂地操弄符號的文化及其價值觀,拉克哈特利用簡單例證戳破它的虛幻,這是我大力推薦本書的第一個理由。

在〈學校裏的數學〉這一節中,拉克哈特指出教改迷思,在於它企圖「要讓數學變有趣」,以及「與孩子們的生活產生關連」。針對這兩點,他的批判非常犀利:「你不需要讓數學有趣——它本來就遠超過你了解的有趣!而它的驕傲就在與我們的生活完全無關。這就是為什麼它是如此有趣!」顯然為了達到「有趣」與「關連」的目的,教科書的編寫難免「牽強而做作」。譬如,為了幫助

學生記憶圓面積和圓周公式,拉克哈特認為:與其發明一套圓周先生(Mr. C)和面積太太(Mrs. A)的故事,不如敘說阿基米德甚至劉徽有關圓周率的探索史實,說不定更能觸動學生的好奇心靈。這種強調發生認識論(genetic epistemology)的歷史關懷,也與他批判數學課程的缺乏歷史感互相呼應。

拉克哈特對於數學課程的僵化之批判,還擴及它所連結的「階梯迷思」,他認為這種一個主題接一個主題的進階安排,除了淘汰「失敗的」學生之外,根本沒有(其他)目標可言。因此,學校裏的數學教育所依循的,「是一套沒有歷史觀點、沒有主題連貫性的數學課程,支離破碎地收集了分類的主題和技巧,依解題程序的難易度湊合在一起」。相反地,「數學結構,不論是否具有實用性,都是在問題背景之內發明及發展出來的,然後從那個背景衍生出它們的意義」。

或許有人說,中學的幾何課程可以滿足此一智性需求,不過,拉克哈特卻將它稱為「邪惡的工具」。作者在〈中學幾何:邪惡的工具〉這節中,指出數學證明的意義

在於「說明，而且應該說明得清楚、巧妙且直截了當」，同時，只有當你想像的物件之行為違反了直覺，或者有矛盾出現時，嚴謹的證明才有其必要，而這當然也符合歷史真實。基於此，他嚴厲批判「兩欄式證明」（two-column proof）既沉悶又「沒有靈魂」，學生只是被訓練去模仿，而不是去想出論證！

在作者深刻批判學校數學、課程綱要以及幾何證明之後，他還揭露了一個目前通行的「標準數學課程」之真相，這個戳破學校數學（school mathematics）神話的深刻反思，是我大力推薦本書的第二個理由。

在上篇解構性的「大破」之後，拉克哈特在本書下篇當中，為我們貢獻了令人鼓舞的「大立」，這是我大力推薦本書的第三個理由。在本篇中，拉克哈特想像了一個數學實在（mathematical reality），其中「充滿了我們為了娛樂自己而建構出來（或是偶然發現）的有趣又可愛的架構。我們觀察它們、留意它們的模式、嘗試做出簡潔又令人信服的敘述，來解釋它們的行為」。至於如何做數學？拉克哈特利用實例演示，啟發我們「與模式遊戲、注意觀

察事物、做出猜測、尋找正反例、被激發去發明和探索、製作出論證並分析論證，然後提出新的問題」。此外，他還特別提醒：小孩子都知道學習和遊戲是同一回事。可惜，成年人已然忘卻。因此，他最後給讀者的實用忠告是：玩遊戲就對了！做數學不需要證照。數學實在是你的，往後的人生你都可以悠遊其中。

總之，本書作者分享了他自己基於好奇，探索數學知識活動被忽略面向的深刻體會，其中他認為數學如同音樂、繪畫及詩歌一樣，也是一門藝術。同時，學習與遊戲是同一回事。因此，在遊戲的情境中，基於人類天生的好奇心而探索模式，才是學習數學的正道。這也部分解釋了何以他那麼重視數學史的殷鑑，因為數學都是從歷史脈絡（context）產生，並因而獲得意義。

對於教師或甚至家長來說，如果你覺得本書的主張太過基進，不妨參考作者的玩數學比喻，那麼，你對數學學習一定會有全新的體會。根據寵物書籍的說明，離開幼兒階段還喜歡遊戲的物種，只有成年人和成犬而已。人類幼童利用遊戲來學習包括數學在內的各種事物。如今，我們

身為成年人，甚至有幸帶領小孩子學習，為什麼不可以繼續玩下去呢？

〔推薦序〕

數學差，不是你的錯
——別讓學校扼殺了創意！

鄭國威
PanSci泛科學網站總編輯

先說個我自己的真實故事吧。

我小學的時候在學校功課排名前列，主要的原因是因為我就讀的學校規模非常小，一個年級才兩班，競爭不激烈，另一個原因是我的確有點小聰明，而且蠻喜歡唸書。那年頭，學業功課好，加上比較聽老師的話，很容易就獲得其他課外表現的機會，代表班級或學校去外頭參加比賽，也因此當了好幾年的模範生，拿了個縣長獎畢業。囂張的咧。數學？對學過珠心算的我太簡單了！

　　但一上了國中，全都變了。我依舊很用功、大部分的科目考試成績不是滿分就是逼近滿分，但唯有數學，我連及格的一半都拿不到。「數學」，光是看到這兩個字就足以讓我產生頭昏想吐的感覺，甚至還更嚴重些，會緊張到冒汗、肚子痛。老師在黑板上用大大的三角尺跟大圓規畫的圖依舊精美，板書我能抄的都抄了，但我就是沒辦法理解這些數字跟圖形的邏輯。我慌了。

　　於是我開始竄改成績單、竄改考卷分數，或是跟大雄一樣，總是以考卷沒帶回家或是丟了為藉口，不讓父母簽名。雖然現在回想起來真是很傻，但當時的我真的快被數學逼瘋了，每天提心吊膽。

　　升上國二，狀況依舊沒變，但班導師換成了另一位在學校號稱王牌的數學老師。一天晚上，全家人都在客廳看電視的時候，電話響起，我坐在接起電話的父親對面，聽到他對話筒說「喔！老師好！」的時候，我的眼淚無法克制地決堤了。

　　好消息是，後來在新任班導師的細心教導之下，我的

數學解題能力提升了很多,應該說,他讓我學會用我能理解的方式把答案交出來。我心知肚明,我雖然同樣考90分、100分,但跟班上數學真的好的同學比起來,我的程度還是很差。我順利考上第一志願的高中,但我完全沒有跟父母商量,就決定去唸文組。因為那種根深柢固對數學的恐懼,始終沒有離去,高中的數學對我來說更是百倍猙獰的惡魔。

於是我大學唸外語、研究所唸傳播,但也避開做量化研究。工作之後,做各式各樣的計畫,只要跟數學、算錢、預算有關,我就推掉。我生活節約,不想花錢,因為我不想算數學。但如果我花錢,我也不太在乎多少錢,有沒有打折,也不記錄開支,因為我不想算數學。我也不做任何投資理財,一切都交給家人處理。

我不知道打開這本書的你是誰。是同樣害怕數學的學生,還是正在讓學生害怕數學的老師,抑或是擔憂孩子數學成績,正在物色補習班或家教老師的父母親。如果你都不屬於這三者,而是一個非常喜歡數學的人,那麼我反而要問:怎麼可能?

　　這本書的英文原名是「一位數學家的嘆息」（A Mathematician's Lament），本來也不是一本書，而是一篇2002年起開始在美國數學教師社群中流傳的文章。我看了前五頁，就覺得受震撼。而這種震撼，是一種「總算有人了解我的感覺」加上「曾經的恐懼跟傷疤又被碰觸」的綜合感受。每多讀一段，就越覺得明朗，了解自己為何當初會那麼畏懼數學。一口氣看完全書，彷彿是做了一次心理療程，把這段影響我人生選擇至巨的數學夢魘給重新詮釋了，原來數學差，並不是我的錯。

　　作者將數學與繪畫、音樂相比，突顯出數學教育之僵硬跟死板。原來問題就是出在我們看待這門學科的角度完全錯誤，將數學當作其他理科的基礎，要求絕對的精準跟正確，按照既定的公式，強調快速（為了考試）、強調術語（為了顯得專業）、強調一切大部分人在日常生活中根本使用不到的東西（為了培養數學家……但到底為甚麼每個人都要被培養成數學家呢？）

　　是甚麼讓這樣的教學結構如此穩固？是教科書跟參考書出版社、補習班產業、還是學校教育本身？看完這本

書，我再次確認肯‧羅賓森爵士（Sir Ken Robinson）2006年在 TED 大會上的演說的確一點沒錯：「學校扼殺了創意」，而且是刻意為之。

因為當代的教育制度繼承自工業革命時期，所以教育的目的就是為了創造工業需要的人才，到現在也沒有改變。大量產出工業需求的一致性勞動力是學校教育的目標，因此教學方式必須要有效率、必須要全國一致。美其名是公平，實際上是奴役。如今結合了教科書業者、補習班業者，成了龐大的教育控制複合體。

數學教育特別嚴重。數學本該是供人無限想像空間的學科，因為不管思考的數學題目多麼天馬行空，多麼不切實際，都無所謂，沒有任何現實會受到傷害，除了成績單。因為害怕錯誤、對分數錙銖必較，有太多像我一樣的學生用背誦的方式學數學，靠著不斷解參考書跟考卷上的題目來磨練自己動筆的速度，但從來沒有體會過數學的樂趣，連想都沒想過數學會是有趣的。

大多數看過這本書的國外讀者都給予很高的評價，或

許因為作者揭開了國王新衣的真相，但作者除了對數學教育拋出銳利無比的批判，也在書的第二部分嘗試用他覺得真正對學生有益處的教學方式與每一位讀者互動。雖然作者只給了幾個案例，但我看見了他想要帶領學生進入的數學奇妙世界是甚麼樣子，而我也好希望在我國中或是更小的時候，就能夠看見這個世界。如果你是學生，希望這本書可以讓你重拾對自己的信心。如果你是老師，請審視自己到底是在教學還是扼殺學生。如果你是家長，請理解你的孩子正在遭受折磨，而那本不該發生，也不該是他的錯。

上篇

悲歌

一位音樂家滿身大汗地從噩夢中驚醒。夢中，他發現自己置身於一個奇特的社會，那裏的音樂教育是強迫性的。「我們是要幫助學生，讓他們在這個愈來愈多聲音的世界上，變得更有競爭力。」教育專家、學校體系以及政府，一起主導這個重要計畫。研究計畫的進行、委員會的組成、決策的形成──這些都沒有聽取任何一位現職音樂家或作曲家的意見，也沒讓他們參與。

由於音樂家通常是把他們的構思，以樂譜的形式呈現出來，想當然爾，那些奇怪的黑色豆芽菜和線條就是「音樂的語言」。所以，要讓學生們擁有某種程度的音樂能力，當然他們得要相當精通這種語言；如果一個小孩對於音符和音樂理論沒有紮實的基本功，要他唱歌或演奏樂器，將是很可笑的事。演奏或是聆聽音樂（更不要說創作樂曲），被認為是相當高深的課題，通常要等到大學或甚至研究所，才會教他們這些。

而在小學和中學階段，學校的任務就是訓練學生使用這個語言──根據一套固定的規則繞著符號打轉：「音樂課就是我們拿出五線譜紙，老師在黑板上寫下一些音符，

然後我們抄寫下來，或是轉換成其他調。我們必須確定譜號和調號的正確性，而我們的老師對於四分音符是否塗滿，要求非常嚴格。有一次我在半音階（chromatic scale）的測驗題中答對了，老師卻沒給我分數，說我把音符的符幹（stems）擺錯了方向。」

以教育工作者的智慧，他們很快就發現，即使很小的孩子，也可以給予這類的音樂指導。事實上，如果一個三年級的小孩無法完全記住五度循環（circle of fifths），就會被認為是很羞愧的事。「我得給我的小孩請個音樂教師了，他就是沒法專心做他的音樂作業。他說那很無趣。他就是坐在那裏望著窗外，自己哼著曲調，編一些愚蠢的曲子。」

較高年級的學生，壓力就真的來了。畢竟，他們必須為標準化的測驗和大學入學考試做準備。學生必須修習音階（scales）和調式（modes）、拍子（meter）、和聲（harmony）、對位（counterpoint）等課程。「他們得學習一大堆東西，但是等到大學他們終於聽到這些東西，他們將會很感激在高中所作的這些努力。」當然，後來真的主

修音樂的學生並不多，所以只有少數人得以聆聽到黑色豆芽菜所代表的聲音。然而，讓社會上每個人都知道什麼是轉調（modulation）、什麼是賦格（fugal passage）是很重要的，無論他們有沒有親耳聽過。「告訴你實話吧，大部分的學生就是不擅長音樂。他們覺得上課很無聊，他們的技能不佳，他們的作業寫得亂七八糟，難以辨認。而且大多數的學生，都不關心在現今世界上，音樂是多麼的重要；他們希望音樂課愈少愈好，而且能趕快上完。我猜人就只有兩種：音樂人和非音樂人。我碰到過一個小孩，她真是太優秀了！她的作業無懈可擊——每個音符都在正確的位置上，完美極了，既清楚又一致，真是美麗呀。她將來一定會成為偉大的音樂家。」

這位音樂家一身冷汗地從夢中醒來，慶幸那只是一場瘋狂的夢境。他跟自己說：「當然，沒有哪個社會會將這麼美妙又有意義的藝術形式，分解到這麼不需動腦又支離破碎；也沒有哪個文化會這麼殘酷地剝奪孩子們這種展現人類情感的自然手段。這真是荒謬呀！」

在此同時，這個城市的另一端，一位畫家也從類似的

夢魘中驚醒過來……我很驚訝地發現自己置身在一間普通的教室裏——沒有畫架、沒有顏料管。「喔！我們要到高中才真正開始作畫。」學生們告訴我。「在七年級，我們大部分都是學習顏色和畫圖器具。」他們拿給我一張工作表。其中一面是一格一格的顏色樣本，每種顏色旁邊都有空格，要他們填上顏色的名稱。其中一位學生說道，「我喜歡畫畫，他們告訴我怎麼做，我就照著做，很簡單的！」

下課後，我和老師談了一下，我問道：「這樣看來，你的學生沒有真正的動手畫畫囉？」老師回答我，「嗯，下一學年他們會上『數字繪畫先修課程』，為高中主要的『數字繪畫課程』做好準備。因此，將來他們可以把在這裏所學的，應用到真實生活中的畫畫情境——刷子沾上塗料、刷塗等這類事項。當然我們會按照學生的能力為他們做規畫。真正優秀的畫家——徹底熟悉色彩及刷具的——他們可以稍微快一點進行真正的畫畫，其中有些人甚至可以去上大學學分的進階課程。但是大部分情形，我們只是嘗試給這些孩子繪畫的良好根基，因此當他們離開學校進

入真實世界，為他們的廚房粉刷時，就不會弄得一團糟了。」

「嗯，你所說的那些高中課程⋯⋯」

「你是說數字繪畫課嗎？我們看到修課的人數近年來增加了不少。我認為大部分是因為父母希望他們的孩子能夠進入好的大學。高中成績單上有進階數字繪畫課是很吃香的。」

「為什麼大學會在意學生能否在標明數字的區塊上塗色呢？」

「喔，你知道的，這代表學生有邏輯性思考的清楚腦袋。當然，如果學生打算主修視覺科學的科系，例如時尚或是室內裝潢，那麼在高中就拿到繪畫學分，會是很好的安排。」

「原來如此。那麼學生們什麼時候才會開始在空白的畫布上自由作畫呢？」

「你說的話真像我的一位大學老師！他們總是說些表

達自我、感情這一類的東西——完全是脫離現實的抽象東西。我自己擁有繪畫學位，但是我從未真正地在空白的畫布上作畫。我用的是學校當局提供的數字繪畫工具。」

* * *

可悲的是，我們數學教育目前的制度正好就是這樣的噩夢。事實上，如果我必須設計一套制度來「摧毀」孩子們對於「創造模式」與生俱來的好奇心，我不可能比現行制度做得更好——我就是無法想像出構成當前數學教育的這種毫無意義、壓迫心靈的方法。

大家都知道這個制度有問題。政治家說「我們需要更高的標準」；學校則說「我們需要更多經費和設備」；教育家有一套說法，而教師們又有另一套說法。他們通通都錯了。唯一了解問題所在的是那些最常被責備，但是又最被忽略的人——學生。他們說「數學課愚蠢又無趣」，他們說對了。

數學與文化

首先我們要了解,數學是一門藝術。數學和其他類型的藝術如音樂和繪畫的差別只在於,我們的文化不認同數學是一門藝術。每個人都了解,詩人、畫家、音樂家創造出藝術作品,以文字、圖像及聲音來表達自我。事實上,我們社會對創造性的表達是相當大方的,建築師、廚師、甚至電視導播都被認為是職業上的藝術家。那麼,為何數學家不是呢?

這個問題,有一部分原因出在,沒有人知道數學家到底在做些什麼。社會上的普遍認知似乎是,數學家和科學是有關連的——也許是因為數學家提供給科學家一些公式和定理,或者協助將一大堆數字輸入電腦。如果這個世界必須要分成「詩意夢想家」和「理性思考家」兩部分,毫無疑問,絕大多數人會把數學家放在後面那一類。

然而,事實上,沒有什麼像數學那樣夢幻及詩意,那樣基進、具破壞力和帶有奇幻色彩。我們覺得天文學或物

理學很震撼人心，在這一點上，數學完全一樣（在天文學家發現黑洞之前，數學家老早就有黑洞的構想了），而且數學還比詩、美術、或音樂容許更多的表達自由，後者高度倚賴這個世界的物理特質。數學是最純粹的藝術，同時也最容易受到誤解。

因此讓我試著解釋數學是什麼，以及數學家做些什麼。我以哈帝（G. H. Hardy，英國數學家，1877-1947）絕佳的敘述做為開場：

一位數學家，就像一位畫家或詩人，是模式（pattern）的創造者。如果他的模式比畫家或詩人的模式能留存得更久，那是因為這些模式是用理念（ideas）創造出來的。

所以數學家的工作是做出理念的模式（making patterns of ideas）。什麼樣的模式？什麼樣的理念？是關於犀牛的理念嗎？不是的，那些留給生物學家吧。是關於語言和文化的理念嗎？不，通常不是。這些對大部分數學家的審美觀而言，都太複雜了。如果數學有一個統一的美學

原則的話,那將是:簡單就是美(simple is beautiful)。數學家喜歡思考最簡單的可能性,而這種最簡單的可能性是想像的,不見得是現實存在的。

例如,如果現在我在思考形狀──這是我常常做的──我可能會想像在長方形中有一個三角形:

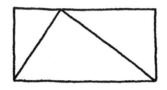

我想知道,這個三角形占據了長方形多少的空間?三分之二嗎?重要的是要了解,我現在探討的不是長方形內有三角形的這幅畫。我探討的,也不是一座組成橋樑上樑柱架構的那些金屬三角形。在此,並沒有那些深謀遠慮的實用目的存在。我純粹就是在玩。這就是數學──想知道(wondering)、遊戲(playing)、用自己的想像力來娛樂(amusing)自己。首先,三角形在長方形中占據了多少空間,甚至沒有任何真實、實體上的目的。即使是最謹慎小心製造出來的實體三角形,仍然是不斷震動的原子所組成

的；它的形狀每分鐘都在改變。也就是說，除非你要探討「近似」（approximate）的度量。好了，這裏就會牽扯到數學的「美學」了。因為那樣就不單純了，它成為一個仰賴真實世界各式各樣細節的醜陋問題了。那些留給科學家去解決吧。數學提出的問題是，在一個想像的長方形中那一個想像的三角形。它的形狀邊緣很完美，因為我要它們很完美——這就是我喜歡思考的問題類型。這就是數學的一個主要特徵：你想要它是什麼樣，它就是什麼樣。你有無限多的選項；沒有真實世界來擋路。

另一方面，一旦你做了選擇（例如，我可能選擇我的三角形是對稱的，或不是對稱的），然後，你這個新創造就會自行發展下去，不管你是否喜歡它的後續發展。這就是製造想像的模式時有趣的地方：它們會回應！這個三角形在長方形中占據了某個空間比例，而我完全無法控制這個比例為何。這個數字就擺在那裏，可能是三分之二，可能不是，但可不是我說了就算。我必須找出這個數字。

因此，我們可以玩玩看，想像一下我們要什麼，然後做出模式，再對這套模式提出問題。但是我們要如何解答

這些問題呢？這一點都不像科學，我沒辦法用試管、設備或是任何東西做實驗來告訴我，我想像出來的虛擬物的真相。能得知我們想像物的真相的唯一方法，就是運用我們的想像力，然而這是個艱苦的差事。

在這個例子中，我的確看到了簡單又美妙的地方：

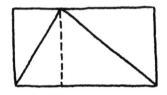

如果我把長方形像上面那樣切成兩個部分，我可以看到這兩個部分都被三角形的斜邊斜切成一半，所以三角形裏面和外面的空間是相等的。也就是說，這個三角形一定是正好佔了長方形的一半！

這就是數學的外貌和感覺。數學家的藝術就像這樣：對於我們想像的創造物提出簡單而直接的問題，然後製作出令人滿意又美麗的解釋。沒有其他事物能達到如此純粹的概念世界；令人著迷、充滿趣味，而且不花半毛錢！

你也許要問了，我的這個想法又是從何而來的？我怎麼知道要畫那條輔助線？那我要問你了，畫家又是怎麼知道要在哪裏畫上一筆？靈感、經驗、嘗試錯誤、運氣。這就是藝術，創造出那些思想的美麗小詩，創造出那些純粹理性的詩篇。這個藝術型態有著某種東西，能做如此神奇的轉變。三角形和長方形之間的關係原本是個謎，然後那條小小的輔助線讓謎底浮現出來。我本來看不出來的，突然間我就看見了。然而，我能夠從「無」當中創造出全然簡單的美麗，並且在這個過程當中改變了我自己。這不正是藝術嗎？

這就是為什麼看到現在學校裏的數學教育會讓人如此痛心。這麼豐富且迷人的想像力探索過程，卻一直遭到貶抑，淪落成一套要硬背死記、毫無生氣的「事實」（facts），以及必須遵循的演算程序。關於「形狀」的一個簡單而自然的問題，一個富創造性和收穫的發明與發現的過程，卻被取代為：

三角形面積公式：$A = \frac{1}{2}\,b\,h$

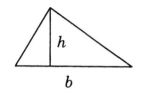

「三角形面積等於底乘以高的一半」，學生被要求要死背這個公式，然後在「習題」中反覆「應用」。興奮之情、樂趣、甚至創造的過程會有的痛苦與挫折，全都消磨殆盡了。再也沒有任何「困難」了。問題在提出來時也同時被解答了——學生沒事可做。

現在，讓我說清楚我到底在反對什麼。不是公式，也不是背記一些有趣的事實。在某些情境下，這是可以的，就像學習字彙必須要記憶一樣——這可以幫助我們創造更豐富、更微妙的藝術作品。但是，三角形是長方形面積的一半，這個「事實」並不重要。重要的是，以輔助線來切割的這個巧妙構思，以及這個構思可能激發出其他美妙的構思，進而引導出在其他問題上的創造性突破——光是事實的陳述絕不可能給你這些的。

拿掉了創造性的過程，只留下過程的結果，保證沒有

人能真正全心投入這個科目。這就像是「說」米開朗基羅創造了美麗的雕塑卻不讓我「看」它。我要如何受到激發而產生靈感？（當然實際上還更糟——至少我還知道有一個雕塑藝術存在，只是不讓我去欣賞它）。

由於將焦點集中在「什麼」，排除掉「為什麼」，數學被降格為一個空殼子。數學不是在「真相」裏，而是在說明、論證之中。論證的本身賦予真相一個情境，並確認到底我們在談論什麼、其意義何在。數學是說明的藝術（the art of explanation）。如果你不讓學生有機會參與這項活動——提出自己的問題、自己猜測與發現、嘗試錯誤、經歷創造性的挫折、產生靈感、拼湊出他們的解釋和證明——你就是不讓他們學習數學。所以，我不是在抱怨我們數學課堂上出現的事實與公式，我抱怨的是我們的數學課裏沒有數學。

* * *

如果你的美術老師告訴你，繪畫就是在標了數字的區塊上塗上顏色，你會知道這是不對的。我們的文化讓你了

解這些──我們有博物館、畫廊，你自己家裏也有掛畫。我們的社會非常了解繪畫是媒介，人類藉由繪畫來表達、展現自我。同樣地，如果你的科學老師說，天文學是根據人們的出生日期來預測人們未來行為的一門學科，你會知道這個老師有問題──科學深入我們的文化，幾乎每個人都知道原子、星系、以及一些自然定律。但是如果你的數學老師給你一個印象，不管是明白說出來或是大家默認的，讓你覺得數學是公式、定義、以及背記一堆演算法，誰來幫你矯正這個印象呢？

文化是自我複製繁衍的怪物：學生從他們老師那裏學習數學，而老師又是從他們的老師那裏學習數學，所以對於數學的欠缺了解與欣賞，會在我們的文化中無止盡的複製下去。更糟的是，這種「偽數學」以及這種強調精準卻無靈魂地操弄符號，它們的延續，創造了自己的文化和自己的一套價值觀。那些已經精熟這一套的人，從他們的成功當中衍生出了極大的自負。他們最聽不進去的就是，數學其實是原始的創造力和美學的感受力。許多數學研究生在被人說「數學很強」說了十年之後，才發現自己其實沒

有真正的數學天分，只是很會遵循指示而已，他們感到傷心、失敗。數學不是遵循指示，而是要創造出新的方向。

到現在我還沒提到學校裏缺乏數學評論這件事呢。學校裏的數學教育，不讓學生窺見數學的祕密，亦即數學和任何文學作品一樣，都是人類為了自己娛樂所創造出來的；數學作品需要評論性的評價；任何人都可以擁有對數學的審美品味，並發展出對數學的審美觀。數學和詩一樣，我們可以質疑它是否符合我們的美學原則：這項數學論證紮實嗎？它有道理嗎？它簡單而優美嗎？它能否讓我更接近事實的核心？當然，在學校裏沒有對數學進行任何評論——因為根本就沒有藝術作品可供評論！

為什麼我們不讓我們的孩子學習如何做數學呢？難道是我們認為數學太難了，不信任孩子的能力？我們似乎覺得他們有能力談論拿破崙，並得出自己的結論，為什麼對三角形就不能呢？我認為這只是因為我們的文化不了解數學。我們得到的印象是，數學是很冷酷而且高度技術性的東西，不可能有人搞得懂——如果這個世上真的有自我實現的預言，這就是一例。

我們的文化如果只是對數學無知，這已經夠糟了，但更糟的是，人們真的以為他們了解數學——普遍地誤以為數學對人類社會具有實用價值！這就已經構成數學和其他藝術之間的極大差異。數學被我們的文化看作是科學和技術的一種工具。大家都知道詩和音樂是純欣賞，能提升人類的心靈，讓我們的生命更高尚（因此在公立學校的課程安排中幾乎都被拿掉了），但是數學則不然，數學是很「重要的」。

辛普利西奧：你的意思真的是說數學對社會沒有用，或沒有實用價值嗎？[1]

薩爾維亞蒂：當然不是。我只是說一件事物如果有實際上的用途，並不表示它的本質就是如此。音樂

---

1 譯注：此處的人物對話係模擬伽利略的《兩種世界體系的對話》。1632 年，伽利略出版了《兩種世界體系的對話》，這是一本以對話形式論辯的書，書中內容以三個人物的對話展開——辛普利西奧（Simplicio，主張地球為中心說的亞里士多德學派支持者）、薩爾維亞蒂（Salviati，主張太陽為中心說的哥白尼學派支持者）和薩格萊多（Sagredo，在這場辯論中持中立態度的博學智者）。但最後一位並未出現在此對話中。

可以讓軍人上戰場，但這不是人們作曲的目的。米開朗基羅為天花板做裝飾，我相信他心中其實有更崇高的目的。

辛普利西奧：但是我們不需要人們學習數學的實用結果嗎？難道我們不需要會計師、木匠之類的人嗎？

薩爾維亞蒂：有多少人真正使用這些在學校裏學的「實用的數學」呢？你認為外面的木匠有使用三角函數嗎？有多少成年人還記得分數的除法，或是如何解二次方程式呢？很顯然，目前的實務訓練課程根本就沒用，因為：它不但是讓人難以忍受地無趣，也根本沒有人會去用它。因此，人們為什麼會認為它很重要？讓所有的人都「隱約」記得代數公式和幾何圖形，卻「清楚」記得對它們的憎恨，我實在看不出這樣的教育對社會有什麼好處。然而，如果展現給人們看美妙的事物，讓他們有機會享受當一個有創造力、有彈性、心胸開放的思想家──這是真正的數學教育可能

提供的東西，這可能還有點好處。

辛普利西奧：但是人們日常生活至少要會算帳，不是嗎？

薩爾維亞蒂：我敢說大多數人在日常計算時都是使用計算機。為什麼不用計算機呢？肯定是容易多了，而且更可靠吧。但是我的重點不只是說目前的制度非常糟糕，而是這個制度錯失掉如此美好的東西！數學應該被當作藝術來教的。這些世俗上認為「有用」的特點，是不重要的副產品，會自然而然地跟著產生。貝多芬能夠輕易地寫出響亮的廣告配樂，但是他當初學習音樂的動機是為了創造美好的事物。

辛普利西奧：但不是每個人都是當藝術家的料。那些沒有「數學天分」的孩子怎麼辦？他們要如何融入你的計畫呢？

薩爾維亞蒂：如果每個人都能接觸到數學的原始面貌，沉浸在它所帶來的挑戰性樂趣及驚奇之中，我認為我們會看到學生對數學的態度有極大的轉變，同時我們對「數學很強」這個觀念的定義，也會有極大的轉變。我們已經失去了

許多有潛能的天才數學家——那些抗拒看起來沒意義又死板科目的有創造力又聰明的學生。他們因為太聰明了，不會浪費時間在這種無聊傻事上。

辛普利西奧：但是你難道不認為如果把數學課變得比較像是藝術課，會讓大部分的孩子學不到東西嗎？

薩爾維亞蒂：他們現在就學不到東西了呀！根本不要有數學課都強過現在這樣，至少有些人還能有機會靠自己去發現一些美好的東西。

辛普利西奧：那麼你是要把數學課從學校的課程中拿掉囉？

薩爾維亞蒂：數學課早就被拿掉了！唯一的問題是要怎麼處理剩下的這副死氣沉沉的空殼子。當然，與其取消掉這門課程，我比較想要用生氣蓬勃、有趣味的數學課來取代。

辛普利西奧：但是有多少數學老師具備足夠的知識，可以用那種方式來教學呢？

薩爾維亞蒂：很少。但那只是冰山的一角……

學校裏的數學

要抹煞學生對一門科目的熱情與興趣，最有效的方法就是把它列為必修課。把它列入標準化測驗的主要科目，就能保證讓它失去生命力。學校董事會不了解數學的本質，教育家、教科書的作者、出版商也不了解，悲哀的是，大部分的數學老師也不了解。問題的範圍大到我都不知道要從何說起了。

讓我們從「數學改革」的潰敗開始說吧。多年來，覺得數學教育現狀有問題的覺醒不斷升高。為了「修正問題」，開始進行一堆研究；舉辦一堆研討會；組成數不清的教師、教科書出版商及教育家（不管他們是誰）的專家小組。除了有利可圖的教科書產業（任何一點點政治動盪就可以讓他們將無法下嚥的天書「改版」，從中得利），整個改革運動一直都是失焦的。數學課程不需要被改革，它需要的是被「砍掉重練」。

對於要以什麼樣的順序教授哪些「主題」、或是要用

這個符號而不是那個符號、要用什麼型號的計算機，這種種的過度關注和細細斟酌，天呀！就像是對鐵達尼號甲板上的座椅做重新排列！數學是理性的音樂（the music of reason）。做數學是從事發現與猜測、直覺與靈感的活動；是進入疑惑的狀態——不是因為它讓你搞不懂，而是因為你給了它意義，而你還不知道你的創造會走向何處；是產生一個突破性的想法；是像藝術家一般遭遇挫折；是被幾近痛苦的美麗所折服與讚嘆；是感覺活著（alive）。瞭嗎？把這些從數學裏拿掉，無論你開多少研討會，都不重要。醫生，隨便你動多少手術，反正你的病人已經死了。

所有的這些「改革」最悲哀的地方是企圖「要讓數學變有趣」和「與孩子們的生活產生關連」。你不需要讓數學有趣——它本來就遠超過你了解的有趣！而它的驕傲就在與我們的生活完全無關。這就是為什麼它是如此有趣！

想要讓數學呈現出和日常生活是相關聯的，不可避免地就會牽強而做作：「小朋友，如果你會代數，那你就能算出來瑪麗亞現在的年齡，如果我們知道她現在的年齡是她七年前年齡的兩倍！」（難道有人會知道這樣荒謬的資

訊，而不知道她的年齡嗎！）代數不是跟日常生活有關，而是跟數與對稱性有關──這是它的本質所要追尋的。

假設我知道兩個數字的和與差，我要如何找出它們是哪兩個數字？

這是一個結構簡單且確切的提問，它不需要弄得吸引人。古時候的巴比倫人喜歡解答這類的問題，我們的學生也是。（我希望你也能喜歡思考這個問題！）我們不需要把問題彎來折去的，讓數學與生活產生關聯。它和其他形式的藝術用同樣的方式來與生活產生關聯：成為有意義的人類經驗。

無論如何，你真的認為小孩子會想要和他們日常生活有關的東西嗎？你認為像「複利」這樣實用的東西會讓小孩子覺得很興奮嗎？人們喜歡「奇幻」，而這正是數學能夠提供的──日常生活中的消遣、現實工作世界的調劑。

當老師或教科書屈服於「做作」時，也會產生同樣的問題。為了對抗所謂的「數學焦慮」（學校「造成」的一系列疾病之一），而把數學弄得看起來「友善、便利」。

例如，為了幫助學生記憶圓的面積和圓周的公式，老師可能會發明一整套關於「圓周先生」（Mr. C）的故事，他繞著「面積太太」（Mrs.A）說，他的「兩個派」如何地好（$C = 2\pi r$），然後她的「派是方形的」（square，另一個意思是數學上的「平方」）（$A = \pi r^2$），還有許多這類沒有意義的故事。然而「真正的故事」是什麼呢？是關於人類為了測量曲線所做的種種努力；是關於歐多克斯（Eudoxus）、阿基米德（Archimedes）和「窮盡法」（method of exhaustion）；是關於神奇的 π。到底什麼比較有趣——用方格紙估算粗略的圓周？用別人給你的公式（不加解釋，只是要你背起來然後不斷地練習）來計算圓周？還是聽聽這個人類史上最美妙又奇幻的題目，最聰明和最具震撼力的想法是如何發生的？我們這不是在抹滅人們對「圓」的興趣嗎？

我們為什麼不給學生一個機會聆聽這些事情，讓他們有機會真正地做一些數學，得出自己的想法、意見和回應呢？有哪個科目的慣常教法是不提來歷、哲理、主題的發展、美學標準及目前狀況的呢？有哪個科目會避而不談它

最初的來源——歷史上一些最有創造力的人所創造出來的美妙藝術作品——而選擇讓三流的教科書把它低俗化？

* * *

學校裏的數學，最主要的問題出在沒有「問題」。我知道大家都認為在數學課堂裏的問題，就是那些枯燥的「習題」。「這裏有一個題型。這裏是解答它的方法。這個會出現在考試裏。今天的家庭作業是習題1-35題。」這樣學習數學是很可悲的：人變成了訓練有素的黑猩猩。

但是一個問題，一個真正符合人類天性的提問——是完全不同的。一個立方體的對角線，其長度為何？質數是無止盡的嗎？無限大是一個數字嗎？在一個平面上用對稱的方式鋪磁磚的方法有多少種？數學的歷史，就是人類專注於像這類問題的歷史，而不是無須動腦的反芻公式和演算（再加上那些設計來應用它們的做作習題）。

一個好的問題是你不知道「如何」解決的。這也使它成為一個好的謎題、一個好的機會。一個好的問題不會只單獨待在那裏，而是會引導至其他有趣提問的跳板。一個

三角形占外框長方形面積的一半。那麼，一個長方體中的金字塔呢？我們可以用類似的方法來解決這個問題嗎？

我可以理解訓練學生嫺熟於特定技巧的想法——我也會這樣做。但這絕不是訓練的目的。數學上的技巧，就如同其他藝術裏的技巧，應該是配合背景而為的。偉大的問題、問題的歷史、創意的過程——這才是完整的背景。丟給學生一個好的問題，讓他們花力氣去解決並嚐到挫折。看看他們能得到什麼。直到他們亟需一個想法時，再給他們一些技巧。但是不要給太多。

所以，丟開你的授課計畫、投影機、討人厭的彩色教科書、光碟機、以及現代教育馬戲團裏的所有東西，就單純地和學生們一起做數學吧！美術老師不會浪費時間在教科書和特定技巧的機械式訓練上。他們做他們學科裏最自然的事情——讓小孩子畫畫。他們在畫架間走動，逐一給予建議和指導：

學生：「我在思考我們的三角形問題，然後我發現了一件事。如果這個三角形是斜的，那它就不是外框長方形的一半！你看——」

老師：「非常好的觀察！我們的切割方式假設三角形的頂
　　　點是落在其底部的範圍內。現在我們需要新的想法
　　　了。」

學生：「我應該要用其他的方法來切割嗎？」

老師：「當然，各種想法都試試看吧。想到了什麼就跟我
　　　說。」

　　那麼，我們要如何教導學生做數學呢？我們可以選擇
適合他們喜好、個性和經驗程度，能吸引他們又不做作的
問題。我們給他們時間去探索發現，以及形成推理。我們
幫助他們精煉他們的論述，並創造一個健全有活力的數學
評論氣圍。對於他們好奇心的突然轉向，我們保持彈性和
開放的態度。簡而言之，我們和學生及學科之間要有真誠
的知識上的關係。

　　當然因為許多原因，我的建議無法實行。現在全國性

的課程表和測驗標準實質上已經抹滅了教師的自主權。即使撇開這個事實，我也懷疑大多數的教師會想要和學生建立這樣緊密的關係。這太容易受到責難，也承擔太大的責任——簡單地說，這個工作太繁重了！

被動地灌輸出版商的「教材」，遵照洗髮精瓶上的指示「講課、測驗、反覆練習」，這要容易多了。深入且周延地思考一個學科的意義，以及思考如何將那個意義直接且如實地傳達給學生，則是太辛苦了。對於依據個人智慧和良知來做決定，這樣困難的差事，我們都被鼓勵要放棄，「按表操課」就好。因為這是阻力最小的路徑：

教科書出版商：教師：：

A）藥廠：醫師

B）唱片公司：音樂節目主持人

C）企業：國會議員

D）以上皆是[2]

---

2 編按：a:b::c:d是a:b=c:d的傳統寫法，原意為「a對b好比是c對d」。

　　麻煩的是，數學就像繪畫或詩篇，是「費勁的創意作品」（hard creative work），因此很難教。數學是一個緩慢、沉思的過程。要產生一個藝術作品需要時間，而且需要有能力的老師可以辨識出來。當然，公布一套規則，比起指導有抱負的年輕藝術家，要容易多了。寫一本錄影機的使用手冊，比起寫一本有觀點的書，要容易多了。

　　數學是一門「藝術」，而藝術應該由職業藝術家來教授，如果不是，至少也應該由能夠欣賞這種藝術型態，看到作品時能辨識出來的人來擔綱。我們不一定要跟職業的作曲家學習音樂，但是你會希望你自己或你的小孩向一個不懂任何樂器、從沒聽過一首樂曲的人學習音樂嗎？你會接受一個從未拿過畫筆或從未去過美術館的人當美術老師嗎？那我們為什麼能接受那些從未有過數學原創作品、不了解這個學科的歷史和哲理、最近的發展、這些教材以外更深遠意義的人，來當數學老師？我不會跳舞，因而我從未想過我可以教舞蹈課（我可以嘗試，但肯定不會好看）。差別在於，我「知道」我不會跳舞。也不會有人因為我知道很多舞蹈術語就說我擅長舞蹈。

我並不是主張數學老師必須是職業的數學家——這絕非我的意思。但是他們不是至少應該要了解數學的本質、擅長數學、喜歡做數學嗎？

* * *

如果教學降格到只是在做資料的轉換，如果沒有興奮與驚喜之情的分享，如果老師自己就只是資訊的被動接收者，而非新理念的創造者，那麼學生們還有什麼希望呢？如果對老師來說，分數的加法是一套既定的規則，而不是創造性過程的產物及美學的抉擇與追求的結果，那麼學生當然也會覺得教學就是一套規則而已。

教學跟資訊無關，而是要和學生建立起真誠的智性關係。教學不需要方法、工具、訓練。你只需要真誠。如果你不能真誠，那你就沒有權利打擾那些孩子。

尤其是，**你沒有資格去教「教學」。**教育大學完全是胡說八道。你可以修習一些兒童早期發展之類的課程，你可以受一些訓練學習如何「有效的」使用黑板及如何準備「教學計畫」（這是要確保你的課程是有計畫的，因此也就

不真誠）。但是如果你不願意做個真誠的人，你永遠也不是個真正的老師。教學是開放與誠實，是能分享興奮之情的能力，是對教學的熱愛。沒有這些，世界上所有的教育學位都不能幫助你，反之有了這些，教育學位就完全是多餘的。

事實很簡單，學生不是外星人。他們對於美和模式是有反應的，和所有人一樣具有好奇的天性。只要和他們說說話！更重要的是，聽他們說話！

辛普利西奧：好的，我了解數學是一種藝術，而我們沒讓人們有機會接觸它。但是對學校而言，這不是相當深奧又陳義過高的要求嗎？我們又不是要在這裏培育出哲學家，我們只是要人們能夠具備基本的算術能力，讓他們在社會上能夠生存。

薩爾維亞蒂：不是這樣！學校裏的數學課關心的許多事，都和社會上的生存能力無關——例如代數和三角函數。這些學習和日常生活完全沒有關聯。我只是在建議，如果我們要將這類課題

放入大部分學生的基本教育之中，我們就要用活生生的、符合自然天性的方式來做。同時，如同我先前說過的，一門學科碰巧具有一些世俗上實際的用途，不代表我們必須將這個用途當作教導和學習的焦點。就像是，為了填寫汽車監理所的表格，我們需要閱讀能力，但是這不是我們教導孩子們閱讀的原因。我們教他們閱讀是為了更高的目的，希望他們能夠接觸美妙及有意義的觀念。強迫三年級的孩子填寫採購單及報稅表，用這類的方式教導孩子閱讀，不僅冷酷，也是行不通的！我們學習東西是因為它現在吸引我們，而不是為了將來可能有用。但這卻正好是我們要孩子學習數學的原因！

辛普利西奧：可是三年級的學生不需要會做算術嗎？

薩爾維亞蒂：為什麼？你要訓練他們計算427加389嗎？這可不是八歲的孩子會問的問題。大多數的成年人都不能完全了解帶小數點的算術，而你卻期望三年級的孩子能有清楚的觀念？或

是你根本不在意他們是否了解？要做那樣的技巧訓練，實在是太早了。當然我們也可以這樣做，但是我認為最終是弊多於利。最好還是等到他們對數字的好奇心天性發生了再來教。

辛普利西奧：那麼，我們在這些小孩的數學課程裏該做些什麼呢？

薩爾維亞蒂：玩遊戲呀！教導他們西洋棋、象棋、圍棋、五子棋和跳棋，什麼都好。自己設計遊戲。猜謎。讓他們處於需要推論推理的情境。不要擔心符號和技巧，協助他們成為積極主動、有創造力的數學思考家。

辛普利西奧：這樣聽起來好像我們會冒很大的風險。如果我們大幅降低算術的重要性，結果使得學生不會加法和減法，那怎麼辦呢？

薩爾維亞蒂：我認為遠比這個更大的風險是創造出缺乏任何創意表達的學校，在那裏學生就是背記一大堆日期、公式、單字，然後在制式的測驗中反芻他們記進去的東西——「在今天儲備

明日的勞動力！」

辛普利西奧：但是肯定有一些數學事實，是受過教育的人
　　　　　　應該要知道的。

薩爾維亞蒂：是的，其中最重要的一個事實就是：數學是
　　　　　　人類為了樂趣所做出來的一種藝術型態！
　　　　　　好吧，如果人們知道關於像是數字和形狀
　　　　　　的一些基本知識，的確很好。但是這不會
　　　　　　來自於死記硬背的記憶、操練、講課、習
　　　　　　題。你是靠實作來學習的，你記得的是對
　　　　　　你來說重要的東西。有幾百萬的成年人的
　　　　　　腦袋裏還記得「2a分之-b加減開根號b平方
　　　　　　減4ac」[3]，但是完全不知道這是什麼意思。原
　　　　　　因就在於他們從來沒有機會自己去發現或發
　　　　　　明這類東西。他們從來都沒能碰到一個讓他
　　　　　　們著迷的問題，可以讓他們思考、可以讓他
　　　　　　們感受挫折、可以讓他們燃起渴望，渴望有
　　　　　　解決的技巧或方法。從來沒有人告訴過他們

3　譯注：一元二次方程式公式解，$x_{1,2} = \dfrac{-b \pm \sqrt{b^2 - 4ac}}{2a}$。

人類與數字的歷史——古巴比倫楔形泥版
（Babylonian problem tablets）、萊因德紙草書
（Rhind Papyrus）[4]、《計算書》（*Liber Abaci*）[5]、
《大技術》（*Ars Magna*）[6]。更重要的是，甚至
沒給他們機會對問題產生好奇心；答案總在
問題提出來之前就給了。

辛普利西奧：但是我們沒有那麼多時間可以讓每一位學生
　　　　　自己發明數學！人類可是花上了好幾個世紀
　　　　　才發現畢氏定理的。你怎能期望一般的孩子
　　　　　能做到？

薩爾維亞蒂：我並不是期望那樣。讓我們說清楚，我抱怨
　　　　　的是，數學課程表中完全沒有藝術與發明、
　　　　　歷史與哲學、背景與遠景。這不表示不需要

4　譯注：埃及紙草文件，撰寫日期可以追溯到西元前1800年左
　　右，蘇格蘭裔古物研究家Alexander Henry Rhind於1858年在埃
　　及買下這份文件，為有關圓周率計算最早的文獻。
5　譯注：斐波那契（Leonardo Fibonacci, 1170~1250）所著，斐式數
　　列即出自該書。
6　譯注：1545年卡達諾（Cardano）於該書中發表三次方程的求根
　　公式。

符號、技巧及知識基礎的開發。這些當然都要。我們應該兩者都需要。如果我反對鐘擺太偏向某方向，不表示我要它全然地擺向另一個方向。但事實是，人們在過程中學到的東西最多。對於詩的真正鑑賞並不是記得一大堆詩作，而是來自於自己的創作。

辛普利西奧：是的，但是在寫出自己的詩作之前，你必須學會字母。創作的過程總要有個起點。你必須先會走，才會跑。

薩爾維亞蒂：不，你必須有追求的目標。孩子們可以在學習閱讀和寫作的同時，寫詩和故事。一個六歲小孩寫的作品是很神奇的，拼字和標點錯誤無損於作品的美好。即使是很小的孩子都能創作歌曲，而他們並不知道用的是什麼音調或節拍。

辛普利西奧：但數學不是和那些不同嗎？數學不是有自己的語言，必須學會各種符號，才能應用嗎？

薩爾維亞蒂：完全不是。數學不是一種語言，它是一場探索。音樂家選擇用小小的黑色音符來簡化他

們的想法，難道就是「說另一種語言」嗎？
如果是這樣，對於還在學步的孩子以及他
們創作出來的曲子，那並不是阻礙。的確
有些數學縮寫符號是經過好幾個世紀的演
化，但那些符號並不是重點。大部分的數學
都是和朋友在喝咖啡時做出來的、在餐巾紙
上畫圖當中做出來的。數學是而且一直都是
想法、理念，而一個有價值的理念是遠遠超
越符號的，超越人們選來代表這項理念的符
號。正如高斯（Carl Friedrich Gauss）曾經
說過的：「我們需要的是想法，不是符號。」
（What we need are *notions*, not *notations*.）

辛普利西奧：但是數學教育的目的之一，不就是在幫助學
　　　　　　生以更精確及邏輯的方式思考，並開發他們
　　　　　　的「量化推理技巧」嗎？那些定義和公式，
　　　　　　不都使我們學生的心智更犀利嗎？

薩爾維亞蒂：不是的。如果目前的制度有任何效果的話，
　　　　　　正好是使心智變遲鈍的反效果。任何一種心
　　　　　　智敏銳，都是來自於自己解決問題，而不是

被告知如何解決。

辛普利西奧：但是那些有興趣走科學或工程路線的學生
呢？他們不是需要傳統課程提供的訓練嗎？
這不正是我們在學校裏教授數學的目的嗎？

薩爾維亞蒂：有多少修習文學課的學生日後成為作家的？
那不是我們教授文學的目的，也不是學生修
習文學的目的。我們教授文學是為了啟發每
個人，不是只訓練未來的專業人士。無論如
何，科學家或工程師最有價值的技術，是能
夠有創意地思考和獨立地思考。大家最不需
要的就是被訓練。

數學課程

學校裏教的數學讓人最難忍受的地方，還不是它遺漏了什麼——我們的數學課裏不做真正的數學——而是取而代之的東西：破壞性的錯誤資訊混亂堆積出來的所謂「數學課程綱要」（mathematics curriculum）。現在該讓我們仔細看看學生們到底面對什麼困境——他們面對的所謂數學是什麼，以及在這個過程中他們受到了什麼樣的傷害。

這個所謂的數學課程綱要，最令人震驚的是它的僵化。尤其對高年級學生更是如此。每個學校、每個城市、每個州，都用完全同樣的方法、完全同樣的次序教數學。而大部分的人對這種「老大哥」的掌控，並不感到困擾，只是順從地接受這種數學課程「標準範本」，把這當作是數學本身。

這就緊密地連結到我所謂的「階梯的迷思」（ladder myth）——數學可以安排成一系列的「主題」，一個比一個更進階，或「更高級」。目的是在使學校裏的數學成為

一項「競賽」──有些學生「超前」其他人，而家長則擔心自己的孩子會比別人「落後」。然而，這個競賽到底要引導我們奔向何處？在終點線上等待我們的又是什麼？答案是，這是個沒有目標的可悲競賽。到最後，你是被我們的數學教育給欺騙了，而你根本就不知道。

真正的數學不是「易開罐」（打開瓶蓋，東西就在裏面）；「代數二」（Algebra II）從來就不是一個理念。問題自然會引導你到它要你去的地方。藝術不是競賽。階梯迷思是這個科目的錯誤形象，而一個遵照標準課綱授課的老師，強化了這個迷思，使得他或她無法看清數學是一個完整的有機體。因此，我們有了一套沒有歷史觀點、沒有主題連貫性的數學課綱，支離破碎地收集了分類的主題和技巧，依解題程序的難易程度湊合在一起。

本來應該是發現和探索的過程，我們卻用規則和規定取代了。我們從來沒聽學生說過「我想要看看如果給一個數字負的指數，那會有意義嗎？結果我發現如果選擇以這樣的方式來表示倒數，會得到非常有趣的規律模式。」取而代之的是，老師和教科書直接給出「負指數規

則」（negative exponent rule）這樣的既成事實，絲毫不提這個選擇背後的美學，甚至沒有告訴學生，這其實是一個選擇。

本來應該是很有意義的題目，可以引導出各種想法、沒有界限的討論與論辯、感受到數學中的主題統合與和諧，可是我們卻代之以無趣和重複的習題、特定題型的解題技巧，各個主題之間彼此不關聯，甚至脫離了數學概念的完整性。以至於學生和他們的老師都無法清楚理解，這類的事情最初是如何或是為何會發生。

本來可以在自然的情境下產生的問題，學生們可以自己決定要怎麼定義他們使用的文字、符號，可是現在的情況卻是受限於一大堆沒完沒了、無法激勵思考的既有定義。課程進度表裏滿滿都是些難懂的行話和學術用語，看起來除了提供教師測驗學生之用外，沒有其他目的。世界上沒有哪個數學家會花時間去區分：2½是「帶分數」（mixed number），而 5⁄2 是「假分數」（improper fraction），拜託啊，它們是相等的，它們是完全相同的數字，而且具備完全相同的性質。除了小學四年級生，還有誰會用這樣

的名詞？

　　考學生一些沒有意義的名詞定義，遠比激勵他們創造美妙的事物及發現事物的意義，要來得容易太多了。即便我們同意具備數學基本詞彙是有價值的，但剛才的例子並不屬於這個情況。一個五年級生被教導要說 quadrilateral 而不說 four-sided shape（幸好中文都只說「四邊形」），但是對於「猜測」（conjecture）和「反例」（counterexample）這些觀念，卻從來不教他們。高中生必定會學的三角函數「sec x」，只是「$1/\cos x$」的縮寫而已，其重要性無異於以「&」代替「and」一樣。這個縮寫其實是十五世紀航海計算表遺留下來的（其他早期三角函數表上的許多縮寫像是正矢〔versine〕等則已廢棄不用），只不過是歷史上的偶然，在快速精準的航海儀錶計算時代，已經完全沒有價值。因此，我們在數學課堂上塞滿這些沒有意義的專有名詞，只是為數學而數學罷了。

　　實務上，課程綱要裏一系列的主題或概念，還不如一系列的符號來得多。顯然，數學是一堆神祕符號和如何操縱它們的規則所構成的一張祕密列表。給年幼的孩子「＋」

和「÷」，等他們稍長，才能託付「√」，然後是「x」和
「y」還有具神奇力量的括弧。最後，再教導他們使用正弦
sin、對數 log、函數 f(x)，如果他們值得信賴，再教他們微
分 d 和積分 ∫。但是，從頭到尾都沒有一丁點有意義的數學
體驗。

　　這樣的課程計畫是如此的根深柢固，所以老師和教科
書作者都能準確地預知，未來幾年學生們會做的事，甚至
做到習題的第幾頁。我們蠻常看到，學生在第二年的代數
課程中學習計算不同函數的 $[f(x+h)-f(x)]/h$，以確保幾
年後當他們學微積分時，「看過」這個算式。理所當然地
不會（我們也不敢期待會）給予學生動機去了解，為何這
個看起來似乎是隨機的算式是有重要性的，雖然我很確定
有很多老師會試著解釋這個運算的意義，認為他們是在幫
學生的忙，但對學生來說那只是必須要克服的另一個無聊
數學題目，「他們要我做什麼呢？喔，就是套進公式？好
的。」

　　另一個例子是訓練學生以不必要的複雜形式來表達訊
息，原因是在幾年後的未來，這樣的表達方式會有意義。

有沒有哪位中學代數老師知道為什麼要學生把「介於3和7之間的數字」說成 $|x-5|<2$?這些令人絕望、無能的教科書作者真的相信他們是在幫學生預做準備,可能幾年後的未來,他們會需要計算更多維的空間幾何或抽象的距離空間?我很懷疑呢。我猜這些教科書只是世世代代相互抄襲而已,可能會改改字體或顏色,如果有學校採用他們的教科書,成為無意間的幫兇時,他們還洋洋得意呢。

* * *

數學是關於問題的學科,而問題必須要成為學生數學生涯中的焦點。也許會有一些痛苦和創作上的挫折,但學生和老師應該永遠專注在過程上——想出來了、還沒想出來、發現模式、進行猜測、建構支持的例子和反例、設計論證、以及評論彼此的成果。和數學歷史上的進程一樣,特定的技巧和方法會在這個過程中自然產生:不會脫離、而會有機地關連到問題的背景環境,並且從那當中生長出來。

英文老師知道在閱讀和寫作的情境下學習拼字和發音

是最好的。歷史老師知道若是拿走事件的背景故事，人名和日期就會很無趣。為什麼數學教育獨獨還卡在十九世紀，沒有進步呢？拿你自己學習代數的經驗，和羅素（Bertrand Russell）[7]回憶中的經驗比較一下：

> 老師要我把下面的句子背起來：「兩數和的平方等於該兩數的平方和，再加上該兩數乘積的兩倍。」[8]這到底是什麼意思呢，我一點概念也沒有，而我無法記住這些字句時，我的老師就把書扔到我頭上，但這並未能激發我的智慧。

到如今，事情可有任何改變？

辛普利西奧：我不認為這樣講是公平的。顯然地，從那時到現在，教學方法已經有進步了。

薩爾維亞蒂：你指的是訓練方法吧。教學是複雜的人際關係；它不需要方法。或者我應該說，如果你需要方法，你可能就不會是非常好的老師。

---

7 譯注：羅素，1872-1970，英國哲學家、數學家、邏輯學家。

8 譯注：$(x+y)^2=x^2+y^2+2xy$。

如果你對於你的科目沒有足夠的感受，可以
讓你能用自己的話語，自然且直覺地說出
來，那麼你對這個科目的了解會有多好呢？
再來，說到停留在十九世紀，課程大綱本身
則更是停留在十七世紀，這不是更令人吃驚
嗎？想想看過去三百年，所有令人驚豔的發
現及數學思想上深刻的革命！就好像這些從
未發生過似的，課程當中完全都沒提到。

辛普利西奧：但是，你這可不是對我們的老師們要求太多
了？你期待他們對數十名學生提供個別的關
注，根據他們各自不同的程度分別指引他們
去發現、啟發他們，然後又要同時趕上最近
的數學發展。

薩爾維亞蒂：你會不會希望你的美術老師根據你的特質個
別指導，對你的繪畫提供知識性的建議？你
會不會希望他知道最近三百年的藝術史？但
是，老實說，我不期待這類的事，我只是希
望能夠這樣。

辛普利西奧：所以你是在怪罪數學老師嗎？

薩爾維亞蒂：不，我怪罪的是造就他們的文化。那些可憐
　　　　　　的人只是竭盡所能去達成他們被訓練要做的
　　　　　　事。我相信大部分的人都愛他們的學生，並
　　　　　　痛恨迫使學生經歷這一切。他們打心底明
　　　　　　白，那是沒有意義而且沒有品質的。他們可
　　　　　　以感覺到他們建造了心靈壓碎機的齒輪，但
　　　　　　是他們不具備可以理解或反抗制度的見識。
　　　　　　他們只知道必須讓學生們「為下一學年做好
　　　　　　準備」。

辛普利西奧：你真的認為大部分的學生有能力在「創造自
　　　　　　己的數學」這樣高的水準上學習嗎？

薩爾維亞蒂：如果我們真的認為創造和推理對我們的學生
　　　　　　是太「高」的標準，那為什麼可以容許他們
　　　　　　寫關於莎士比亞的歷史文章或報告？問題不
　　　　　　在學生不能處理，而在沒有老師可以處理。
　　　　　　他們從來沒有證明過自己能做什麼，所以怎
　　　　　　麼可能給予學生任何指導？無論如何，學生
　　　　　　的興趣和能力有很大的差異，但是至少學生
　　　　　　喜歡的或是討厭的會是真正的數學，而不是

這個不三不四的假數學。

辛普利西奧：但是，我們當然希望所有的學生都學到基本
　　　　　的事實和技巧。那就是數學課綱存在的目
　　　　　的，而且這也是為什麼課綱是統一的——有
　　　　　一些永恆的、冷酷的、艱難的事實需要學
　　　　　生們知道：一加一是二，三角形的內角和為
　　　　　180度。這些不是看法或意見，也不是模糊
　　　　　的藝術感受。

薩爾維亞蒂：正好相反。數學結構，不論是否具實用性，
　　　　　都是在問題背景之內發明及發展出來的，然
　　　　　後從那個背景衍生出它們的意義。有時候我
　　　　　們會要一加一等於零（在演算法當中「模
　　　　　數2」〔mod 2〕的計算），還有，在球體表
　　　　　面的三角形，其內角和會大於180度。「事
　　　　　實」，就其本身而言，是不存在的；每件事
　　　　　都是相對的及相關的。重要的是「故事」本
　　　　　身，而不只是結局。

辛普利西奧：我開始厭倦你這些神祕的迷惑人的說法！基
　　　　　礎算術，好嗎？你到底是同意還是不同意學

生應該學基礎算術？

薩爾維亞蒂：那要看你的意思是什麼。如果你的意思是對
於計數和排列問題的鑑賞、分組和命名的好
處、表徵（representation）和事物本身的區
別、數系發展史上的一些想法，那麼我的答
案是肯定的。我確實認為學生應該要接觸這
些東西。如果你指的是沒有任何基礎概念架
構，死記硬背一些算術事實，那麼我的答案
是否定的。如果你指的是探索一點都不明顯
的事實，像是五組的七等於七組的五，那我
的答案是肯定的。如果你指的是制訂 $5 \times 7 =$
7×5 的規則，那我的答案是否定的。做數學
永遠應該是發現模式及製作出美妙及有意義
的說明。

辛普利西奧：幾何怎麼樣呢？學生不就是在做證明嗎？中
學幾何不正是你要的數學課最完美的例子
嗎？

中學幾何：邪惡的工具

對於一位提出嚴厲指控的作者來說，最惱人的是，他所指控的對象卻表示願意支持他。中學裏的幾何課程比披著羊皮的狼更狡猾，比假朋友更不忠。正因為學校嘗試藉此課程向學生介紹論證的藝術，使得它變得如此危險。

假冒成一個競技場，在這裏學生終於要參與真正的數學推論，這個病毒擊中了數學的要害，摧毀了創造性理性論證的本質、毒害學生對這個迷人又美妙學科的喜愛、使他們永遠都不能以自然又直覺的方式來思考數學。

這背後的機制是微妙而迂迴的。它先以一堆不得要領的定義、命題、符號來驚嚇且麻痺被害的學生，再有系統地引導其進入矯揉做作的語言，以及人為的所謂「正統幾何證明」公式，緩慢地、精心地阻斷了學生對形狀及其模式的自然好奇心或直覺。

撇開所有隱喻，我直白地說，整個 K-12 數學課程綱

要當中，幾何是到目前為止最具心靈及情緒殺傷力的。其他的課程可能還隱藏著美麗的小鳥，或是把小鳥關在籠子裏，但是幾何課，則是公開的、殘忍的酷刑。（顯然我還是得用到隱喻）。

問題就出在系統性地從根摧毀學生的直覺。證明，是數學論證，是一部小說，是一首詩。它的目的是在「滿足」（satisfy）。一個完美的證明應該是要說明，而且應該說明得清楚、巧妙且直截了當。一份完美、製作完善的論證，應該感覺像是醍醐灌頂，應該是指路的明燈——它應該要提振我們的精神、照亮我們的心靈，而且應該是有趣迷人的。

但是在我們幾何課上的證明卻沒有一丁點有趣迷人之處。呈現給學生的是僵硬、教條式的公式，由這些公式來進行所謂的「證明」——這些公式是不必要且不適當的，就如同要求孩子們必須根據花朵的屬別和種別來種花一樣。

我們來看看這類瘋狂事蹟的一些例子。我們先來看，這兩條交叉的直線：

通常會做的第一件事就是不必要地加入過多符號，攪渾了這攤水。顯然，我們沒有辦法簡單地說出兩條相交的直線；必須給予名稱。而不只是簡單的名稱，像是「第一條線」和「第二條線」，或甚至「a」和「b」。我們必須（根據中學幾何課程）在這些直線上選擇隨機且不相關的點，然後使用特殊的「直線符號」來表示這些直線。

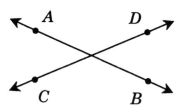

你看，現在我們得稱它們為$\overleftrightarrow{AB}$和$\overleftrightarrow{CD}$。然後上帝特准你可以省略掉它們頂上的小橫槓──「AB」代表直線$\overleftrightarrow{AB}$的長度（至少我認為是這個意思）。不管這是多麼沒意義的複雜，大家都必須學習這樣做。現在來看實際上的陳述，通常是以一些荒謬的名稱來稱呼，像是：

命題2.1.1.

令 $\overline{AB}$ 和 $\overline{CD}$ 相交於 P。則 $\angle APC \cong \angle BPD$。

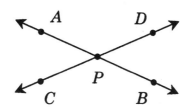

換言之，兩側的角度是相等的。我的天啊，兩條相交的直線，它們的組成當然是對稱的。然後呢，好像弄成這樣還不夠糟，對於直線和角度這樣顯而易見的敘述，還必須要加以「證明」。

證明：

敘述	理由
1. $m\angle APC + m\angle APD = 180$ $m\angle BPD + m\angle APD = 180$	1. 角度加法公理（Angle Addition Postulate）
2. $m\angle APC + m\angle APD =$ $m\angle BPD + m\angle APD$	2. 代換（Substitution Property）
3. $m\angle APD = m\angle APD$	3. 反身性（Reflexive Property of Equality）
4. $m\angle APC = m\angle BPD$	4. 等式減法性質（Subtraction Property of Equality）
5. $\angle APC \cong \angle BPD$	5. 角度公理（Angle Measurement Postulate）

原本應該是由人以世界上的自然語言寫出來的饒富機智及有趣的論證，我們卻把它搞成這樣沉悶、沒有靈魂、官樣文章的證明。層層堆砌成山！我們真的要將這麼直截了當的觀察，弄成這麼長的論文嗎？老實說：你真的有在讀它嗎？當然沒有。誰會要讀呢？

在這麼簡單的事情上搞得那麼隆重，結果就是讓人們懷疑起自己的直覺。對於如此顯而易見的事情，堅持要「嚴格的證明」（就像它會構成法律上正式的證據似的），就像是對學生說：「你的感覺和想法是可疑的，你必須以我們的方式來思考和說話。」

毫無疑問，我們的確有要做數學正式證明的時候，但是當學生第一次接觸到數學論證時，不應該這麼做。至少讓他們熟悉一些數學主題，以及了解對這些主題能有什麼期待之後，再開始正式嚴謹的討論。只有在有危機的時候——當你發現你想像的物件，它的行為違反了直覺，以及當有矛盾發生時，嚴格的正式證明才變得很重要。但是這種過分的預防性保健措施，在這裏是完完全全沒有必要的——疾病還沒發生哪！當然，如果有邏輯危機發生的時

候，那麼很明顯的應該要加以研究，論證必須做得清楚明白，但那個過程可以進行得直覺一些，也不必那麼正式。事實上，數學的精髓，就是和自己的證明進行這樣的對話。

所以，不是只有大部分的小孩被這個假學問完全搞迷糊了——沒有什麼比去證明明顯的事更讓人困惑了——即使那些還保有直覺的少數人，也必須將他們優異、絕妙的點子轉換置入這個荒誕難解的架構裏，好讓他們的老師說它是「正確的」。老師則沾沾自喜地認為他讓學生的心智變敏銳了。

再來是一個比較嚴肅的例子。我們來看看一個半圓裏面的三角形：

這個模式的美麗真相在於，無論三角形的頂點是在

圓周的哪裏，它都是直角。（我不反對用「直角」（right angle），如果這個名詞與問題有關，而且方便討論的話。我反對的不是專有名詞本身，而是沒有要領、沒有必要的專有名詞。如果學生喜歡的話，我也很樂意用「轉角」或「角落」。）

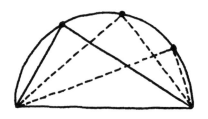

我們的直覺在這裏會有些疑問。這會一直都成立嗎？不是那麼清楚，甚至看起來不太可能——如果我移動那個頂點，角度不會改變嗎？此處我們有一個絕妙的數學題目！這是真的嗎？如果是真的，為什麼是真的？這是多偉大的作業呀！這是可以讓我們的智慧和想像力動起來的一個絕佳機會！當然學生不會得到這樣的機會，他們的好奇心和興趣立刻就會被潑了冷水：

定理9.5

令 $\triangle ABC$ 內接於一個直徑為 $\overline{AC}$ 的半圓。

則 $\angle ABC$ 為直角。

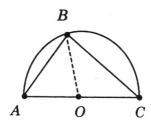

證明：

敘述	理由
1. 畫半徑 $\overline{OB}$，則 $OB = OC = OA$	1. 已知
2. $m\angle OBC = m\angle BCA$ $m\angle OBA = m\angle BAC$	2. 等腰三角形定理
3. $m\angle ABC = m\angle OBA + m\angle OBC$	3. 角度和公理
4. $m\angle ABC + m\angle BCA + m\angle BAC = 180$	4. 三角形內角和為180度
5. $m\angle ABC + m\angle OBC + m\angle OBA = 180$	5. 代換（敘述2）
6. $2\,m\angle ABC = 180$	6. 代換（敘述3）
7. $m\angle ABC = 90$	7. 等式的可除性
8. $\angle ABC$ 為直角	8. 直角的定義

　　還有什麼比這更無聊、更不直截了當的？有什麼論證能更令人困惑、更難讀？這絕不是數學！一個證明應該是神蹟的顯現，而不是來自五角大廈的密碼訊息。這是把邏輯嚴謹性擺錯了地方的結果：醜陋。論證的精神被令人迷惑的形式主義給埋葬了。

　　沒有任何數學家是這樣工作的。從來沒有任何數學家以這種方式工作。這是對數學這門學問完全的、徹底的誤解。數學不是在我們自己和我們的直覺之間升起屏障，也不是要讓簡單的事情變得複雜。數學是移除通往直覺的障礙，以及讓簡單的事情維持簡單。

　　前述令人倒胃口的證明，拿來對比我七年級學生所作的論證：

　　　將這個三角形旋轉半圈，使其成為一個圓裏面的四邊形，由於三角形是完全的旋轉過來的，此四邊形的邊必然是平行的，因此這是一個平行四邊形。然而它也不是斜邊四邊形，因為它的兩條對角線都是這個圓的直徑，因此它們是等長的，也就是說，它必然是一個長方形。這就是為什麼它的角是直角。

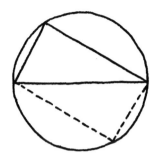

這不是很輕鬆愉快嗎？重點不在這項論證的點子是否比另一個高明，而是在點子的出現。（事實上，第一個證明的點子是相當美妙的，可惜被隔上了一層深黑色的玻璃。）

更重要的是，這是學生自己的點子。在課堂上有個好題目給學生做，他們做出猜測、試著證明、然後其中一名學生就做出了這個結果。當然這花了好幾天工夫，而且是一連串失敗後的結果。

老實說，我曾經大幅改述這個證明。最初版本有些迂迴，且含有許多不必要的贅詞（以及拼字和文法錯誤）。但是我認為我了解他的意思。這些缺點是好事；讓我這個老師有事情可做。我得以指出一些文體上和邏輯上的問

題，學生則因而得以改進他的論證。舉例而言，我對於兩條對角線都是直徑這一點不是很滿意──我不認為這是完全顯而易見的──但這只表示需要對這問題多一點思考，以及可從中獲得多一些了解。事實上，這名學生可以把它修補得很好：

> 由於這個三角形繞著圓形轉了半圈，頂點必然正好和原來的位置處於正對面的位置。這就是為什麼四邊形的對角線是圓的直徑。

這就是一項偉大的作業，一個美妙的數學作品。我不確定誰對此更引以為傲，是學生還是我自己。我就是要我的學生們體驗到這類的經驗。

* * *

幾何學的標準課程的問題在於，藝術家掙扎奮鬥的個人經驗，全都被消滅了。證明的藝術性，被毫無生氣、形式化的演繹法的僵硬步驟所取代了。教科書呈現出一整套定義、定理及證明，教師們照抄在黑板上，學生們照抄在筆記簿上。然後要求學生再依樣畫葫蘆的寫習題。誰能快

速學會這種模式的，就是「好」學生。

結果，在創造的行動裏學生變成了被動的參與者。學生做出敘述，去符合現成的證明模式，而不是因為他們的確這樣子想。他們被訓練去模仿論證，而不是去想出論證。因此，他們不只不知道老師在說些什麼，他們也不知道自己在說些什麼。

即使是定義的傳統表達方式，也是個謊言。為了創造出簡潔的假象，在進行典型的一系列命題和定理之前，先提供一套定義，讓敘述及證明可以盡可能的簡潔。表面上，這似乎是無害的：做一些化繁為簡的定義，這樣敘述起來可以輕鬆便利，不是很好嗎？問題在於，定義非常重要。定義是身為藝術家的你認為重要，而做的美學決定。而且它是因問題而產生的。定義是要彰顯出來，並讓人們注意到一項特質或結構上的屬性。在歷史上，這是從問題研究的過程中產生的，而不是問題的前提。

重點是，你不會從定義開始，你是從問題開始。一直到畢達哥拉斯（Pythagoras）試圖測量正方形的對角線，

因而發現它無法以分數來表示，在那之前沒有人想過，數可能是「無理的」（irrational）。只有在你的論證達到某一點，你必須要做出區別來釐清時，定義才有意義。在沒有動機的時候做出的定義，更可能造成混淆。

這只是將學生排除在數學過程之外的一個例子。學生必須在有需要的時候能夠做出自己的定義——自己為辯論做架構。我不要學生說「定義、定理、證明」，我要他們說「我的定義、我的定理、我的證明」。

把這些抱怨都擺在一旁吧，這種呈現方式的真正問題在於，它很枯燥。效率和經濟性並不是好的教學方法。我很難說歐幾里得（Euclid）是否贊同此點，但是我知道阿基米德（Archimedes）絕對不會贊同。

辛普利西奧：我們在這裏先停一下。我不知道你的情況如何，不過我是真的喜歡我的中學幾何課。我喜歡那個架構，也喜歡在僵硬的證明形式中做幾何。

薩爾維亞蒂：我相信你是喜歡的。你可能偶爾也會做到一

些不錯的題目。很多人喜歡幾何課（雖然更
多人痛恨它）。但是這不是支持目前制度的
好理由。這反而強而有力地證實了數學本身
的魅力。要完全摧毀這麼美麗的事物，是非
常困難的；即使是數學還殘留的影子，仍是
如此吸引人並讓人滿足。許多人也還是喜歡
按數字塗色，那是令人放鬆而且有趣的動手
活動，雖然那並不是真正的繪畫。

辛普利西奧：可是我是在告訴你，我喜歡它。

薩爾維亞蒂：如果你曾有過更自然的數學經驗，你會更喜
　　　　　　歡它。

辛普利西奧：所以，我們應該設立一些沒有任何形式的數
　　　　　　學旅程，學生遇到什麼就學什麼嗎？

薩爾維亞蒂：正是如此。問題會引導出其他的問題，在有
　　　　　　需要時，就會發展出技巧，新的主題就會自
　　　　　　然地產生。如果有些課題在求學的十三年之
　　　　　　間都沒有遇到過，它會多有趣或多重要呢？

辛普利西奧：你完全瘋了。

薩爾維亞蒂：我也許是瘋了。但是即使在傳統的框架下工

作，一位好的老師也可以引導討論及問題的走向，使得學生能自己發現及發明數學。真正的問題是，行政官僚體制不容許個別教師做這樣的事。因為要遵循一套課程綱要，老師無法主導教學內容。標準還有課綱都是不應該存在的。應該讓老師做他們覺得對他們的學生最好的事。

辛普利西奧：但這樣一來，學校怎麼保證所有的學生都獲得相同的基本知識？我們要如何精確地衡量他們的相對知識程度？

薩爾維亞蒂：學校不能做保證，而且我們也不用這麼做。就像在真實的人生中一樣，最終你必須面對一個事實，就是人都不一樣，但這並沒有關係。無論如何，這沒有什麼大不了。一個高中畢業生不知道什麼是半角公式（說得好像他們現在就了解似的！），又怎樣？至少那個人對於這個科目到底是怎麼回事還有些概念，而且還曾經看過美妙的事物。

對標準課程綱要的批評,在結束的此時,我要為社會提供一項服務,就是首次完全誠實地呈現K-12數學的課程綱要:

「標準」數學課程

低年級數學。教化就此展開。學生要學會，數學不是你做的事，而是對你做的事。強調的重點是坐好不動、填寫作業紙、遵照指示。孩子們必須熟悉一套綜合的演算法，運用印度阿拉伯符號，但與他們真實的想望或好奇無關，只關心在幾百年前對一般成年人而言都還太難的事。父母、教師和小孩本身，都要著重在乘法表。

中年級數學。教導學生將數學視為一套程序，就像是宗教儀式，是永恆的且銘刻於金石之上。頒發聖書，就是數學課本，然後學生學會稱呼教會長老「他們」（「此處他們要什麼？他們是否要我做除法？」）。做作的「應用題」在此時引入，讓這些不須用腦的單調計算，看起來似乎有趣一些。測驗學生一大堆不必要的專有名詞，像是「整數」（whole number）及「真分數」（proper fraction），卻對於做這樣的區分完全不給理由。為代數一做好準備。

代數一。為了不浪費寶貴時間去思考數字及其模式，這門

課程將焦點集中在運算時的符號和規則。從古代美索不達米亞楔形泥版的課題，到文藝復興時期代數學家的高等技術，這一路走來每段階梯的事蹟，完全略過不提，代之以令人困惑的支離破碎、後現代式的重述，沒有人物、圖形、或主題。堅持所有的數字和表達都要用各式各樣的標準格式，這對於例如恆等式和等式的意義，會造成額外的混淆。因為某些原因，學生必須要背記二次方程式的公式。

幾何。這在課程當中是獨立出來的，讓希望投入有意義數學活動的學生燃起一絲希望，然後又希望破滅。介紹了一堆不方便又讓人分心的符號，不遺餘力地讓簡單的事物看起來很複雜。這門課的目標是將殘餘的數學自然直覺連根拔除，為代數二做準備。

代數二。這門課的主題是令人不知所以和不合理地使用座標幾何（coordinate geometry）。在座標架構下介紹圓錐曲線，來逃避圓錐體及其截線的美學單純性。學生要學習沒來由地把二次方程式重寫成各種標準格式。在代數二，還會介紹指數及對數方程式，儘管這並不屬於代數，顯然就

只是因為必須找個地方塞這些主題。這門課選擇這樣的名稱，是為了強化階梯教學的神話。為什麼把幾何擺在代數一和代數二之間，至今仍是個謎。

三角函數。兩個星期的課程內容，靠著反覆耍弄定義，硬是拉成一個學期的課。真正有趣及美妙的現象，像三角形的邊是由夾角決定的，將會和不相關的簡寫及過時的符號，佔據同樣的重要性，以避免學生對於這個主題的真義產生一點清晰的概念。學生要學習像是「SohCahToa」[9]及「All Students Take Calculus」[10]這類的記憶法，以取代對於方位和對稱性的自然直覺感受。討論三角測量，但不要提及三角函數的超越特性，或是這類測量具有的語言及哲學問題。必須用計算機，好讓這些課題更為模糊。

預修微積分。一堆沒有關聯性的主題無意義的大雜燴。主要是來自淺薄的意圖，想要一整套地介紹十九世紀晚期的

---

9 譯注：一種計算 sine, cosine, tangent 的記憶法，可參考 www.mathwords.com.

10 譯注：一種計算三角函數的記憶法，可參考 http://en.wikipedia.org/wiki/All_Students_Take_Calculus

解析法，然而這樣的整合是既不必要也沒有幫助。極限（limits）和連續（continuity）的技術性定義在此處出現，以混淆對於平滑變化的直覺概念。如課程名稱所示，這是要讓學生為將來學習微積分做準備的，對形狀（shape）和運動（motion）的自然概念進行系統性地混淆的最後一個階段，至此大功告成。

微積分。這個課程將探索關於運動的數學，用一堆不必要的公式來埋葬它是最好的方法。儘管在此是要介紹微分和積分，但將略過牛頓和萊布尼茲（Leibniz）的簡單而深刻的想法，代之以更複雜的以函數為主的方法，但那是為了對應各種分析危機而開發出來的，在這套課程中並不會真正應用到，當然這些都不會在課程中提到。在大學裏，同樣的東西會逐字地再上一遍。

* * *

以上所述，一帖能永久癱瘓年輕心靈的完整處方——能有效對治好奇心。這就是他們對數學做的好事！

這門遠古的藝術形式，蘊藏著讓人屏息的內涵及讓人

心碎的美麗。人們將數學當作是創造力的反面事物而遠離它,這是多麼諷刺的事呀。他們錯過了這門比任何書籍都古老、比任何詩都深刻、比任何抽象畫都抽象的藝術形式。而這正是學校做的好事!無辜的老師對無辜的學生造成傷害,這是多麼可悲的無間輪迴。我們全部的人,原本可以享有多少的樂趣呀。

辛普利西奧:好的,我已經徹底沮喪了。再來呢?
薩爾維亞蒂:嗯,關於一個立方體當中的金字塔,我想我有一些點子可以試試看……

下篇

鼓舞

「數學教育」這毫無意義的悲劇持續上演著，只是每年變得更站不住腳地頑固及腐敗。但是我不想再多談這些了。我已經厭倦了不斷抱怨。這有什麼意義呢？學校教育的目的從來都不在培養學生的思考力和創造力。學校只是訓練小孩表現，然後可以根據表現將這些小孩分門別類。數學在學校裏被毀滅，不應該是太意外的事；每一件事在學校裏都被毀滅了呀！此外，不用說也知道，當年你的數學課有多枯燥、無意義的浪費時間——你自己親身的經驗，還記得吧？

因此，我寧願跟你多說一些數學真正是什麼，以及為什麼我這麼熱愛數學。就如同我前面說過的，最重要的，是要了解數學是一門藝術。數學是要做的。而你要做的是去探索一個非常特別及特定的地方——一個名為「數學實境」（Mathematical Reality）的地方。這當然是一個想像出來的地方，一個充滿簡潔、迷人構造的大地，裏面有奇幻的想像的生物，從事著各種令人著迷、好奇探索的行為。我要讓你有一個概念，關於數學實境看起來像什麼，感覺像什麼，以及為什麼這麼吸引我。但是，首先請聽我說，

這個地方是如此令人屏息的美麗與狂喜，使得我將絕大部分醒著的時間都花在那裏了。我無時不思索著它，大部分的數學家也都是如此。我們喜歡那裏，我們無法離開那裏。

就此而言，當一個數學家倒是很像田野生物學家。想像一下，你在熱帶叢林的周圍搭起帳篷，假設是在哥斯達黎加好了。每天清晨，你帶著你的大砍刀進入叢林去探索、去觀察，一天又一天，你發現愈來愈愛這個地方的豐富性與奇觀。假設你對某種特定類型的動物有興趣，比方說是倉鼠好了。（我們先不要擔心哥斯達黎加是否真的有倉鼠存在。）

而倉鼠，是有行為的。牠們會做一些很棒、很有趣的事：牠們挖地洞、配對、跑來跑去、在空心的木材中做窩。可能你已經對某一個族群的哥斯達黎加倉鼠做了足夠的研究，足以讓你為牠們做標籤及命名。蘿絲是黑白花色，喜歡鑽地洞；山姆是棕色，喜歡倘佯在陽光下。重點是，你做觀察、注意、然後變得好奇。

為什麼有些倉鼠的行為和其他倉鼠不一樣？什麼樣的特性是所有的倉鼠都具備的？可以把倉鼠做有意義及有趣的分類及分組嗎？老倉鼠是如何創造出新倉鼠，而什麼樣的特徵會遺傳下去？簡而言之，你有了關於倉鼠的題目——自然的、吸引人投入的倉鼠問題，你想要得到答案。

好了，我也有題目了。不過，並不是在哥斯達黎加，也不是關於倉鼠。但是感覺是一樣的。有一個充滿奇怪生物的叢林，這些生物的行為很有趣，而我想要了解牠們。例如，在我最喜歡的數學叢林生物中，有一種絕妙的野獸：1, 2, 3, 4, 5, ……

在這裏，請別認為我是發神經了。我知道這些符號對你可能有過相當恐怖的經驗，我都可以感覺到你的心臟收縮起來了。放輕鬆。不會有事的，請相信我，我是專家。

首先，忘記那些符號——它們不重要。名字從來都不是重要的。蘿絲和山姆才不在乎你取的那些可笑的寵物名字，照樣過自己的生活。這是非常重要的觀念：我現在談的是事物本身與事物的表徵（representation），兩者之間

的差別。不論你用了什麼樣的字眼或是什麼樣的符號,都
完全不重要。在數學上,唯一重要的是事物的**本身**,更重
要的是,它們是如何**運作**的。

在人類開始會計數(沒人確切知道始於何時)後的某
個時點,人類跨出了非常大的一步,他們發現可以用事物
來代表其他事物(例如,用馴鹿的畫來代表馴鹿,或是用
一堆石頭來代表一群人)。然後又在某個時點(同樣地,我
們不知道確切時間),早期的人類開始有了**數目**的想法,譬
如「三」(three-ness)。不是三顆菓子,或三天,而是**抽象**
的三。經過了幾千年,人類發展出各種語言的數目的表徵
——記號及代幣、帶有面值的錢幣、象徵性的運作體系等
等。在數學上,這些都沒有那麼重要。依我看來(一個不
切實際、做白日夢的數學家的看法),像是「432」這樣的
符號表徵,不過就是想像中的有四百三十二顆石頭的石頭
堆(就許多方面來說,我還比較喜歡石頭堆的概念)。對
我而言,重要的一步不在從石頭到符號,而是從數量到**物
件**(entity)——五和七的概念不是某種東西的數量,而是
生命體(beings),就像倉鼠,具有特性,會有行為。

　　例如，對於像我自己這樣的代數學家來說，5 + 7 = 12 這樣的敘述，不只是說五個檸檬和七個檸檬，成為十二個檸檬（雖然該敘述的確有此含意）。它對我述說的是，大家所熟知暱稱為「五」和「七」的物件，喜歡進行一種活動（就是「加」），當它們這樣做的時候，會形成一個新的物件，我們稱之為「十二」。而這就是這些生物做的事──不論它們叫什麼名稱或是誰給的名稱。尤其，十二並不是「從一開始」或是「以二結尾」。十二本身不是開始，也不是結束，它就是自己。（一堆石頭從何「開始」？）只有印度阿拉伯十進位將十二表徵為12，是以1開始，以2結尾。你能明白我的意思嗎？

　　身為數學家，我們感興趣的是數學物件的內在屬性，而不是特定文化架構下的世俗特性。69這個符號倒過來看也是一樣的，但是六十九這個數字，卻不是如此。我希望你能看出這項從「簡單就是美」的美學中自然產生的觀點。對於十二世紀時阿拉伯貿易商帶到歐洲的符號體系，我為什麼要在意？我在意的是我的倉鼠，不是牠們的名字。

因此，讓我們把1, 2, 3等等這些數字，想像成是會做出有趣行為的生物。當然它們的行為是由它們的本質決定的，而它們的本質是聚落的大小（sizes of collections）（這正是我們一開始遇到它們時的樣子！）。讓我們用想像的石頭堆來討論它們：

這樣我們就可以對它們進行「野外」觀察，不會被一些意外的人為符號，分散注意或是誤導。有一項行為是人類很早就注意到的，就是它們之中有些個（石頭堆）可以排成兩個相等的行列：

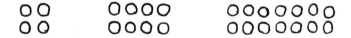

數字四、八及十四，具備這樣的屬性，而三、五及十一則沒有。這並不是因為它們的名字使然——而是因為它們本身及他們的作為使然。因而在這些數學物件中有一項行為區別：有些會這樣做（所謂的「偶數」），而有些則不

這樣做（「奇數」）。

有個非常明顯的原因，讓我把偶數想成是雌的，而奇數想成是雄的。偶數（可排成兩個相等行列者）具有溫和平滑的個性，而奇數則總是有些頭角突出。

由於將石頭堆推到一起，是我們很自然會去做的事，因此很自然地，我們也會想知道加法對偶數和奇數的區別有什麼影響。（就像是問倉鼠的斑點特徵是否會遺傳一樣）。所以我把這些石頭堆擺來弄去一番，結果我注意到一個有趣的模式：

偶數 和 偶數 成為 偶數

偶數 和 奇數 成為 奇數

奇數 和 奇數 成為 偶數

你看出原因了嗎？我尤其喜歡兩個奇數配在一起的樣子：

$$\underset{\circ\;\circ}{\circ\;\circ\;\circ}\quad\&\quad\underset{\circ\;\circ\;\circ\;\circ}{\circ\;\circ\;\circ}\quad=\quad\underset{\circ\;\circ\;\circ\;\circ\;\circ\;\circ}{\circ\;\circ\;\circ\;\circ\;\circ}$$

奇妙的「負負得正」特性在此發揚光大。那些惱人的頭角正好彼此填平了！而且我還注意到了，所有的奇數都是這樣的，不是只有我選出來的奇數才可以。換言之，這是一項完全一般化的行為。因此這是一個很好的發現。不是使用兩列來分類，才這麼特別。我們也可以探討用三列、或四列、或十列，探究會有何結果。我們的倉鼠會做些什麼？

至此，我知道這些都不是非常複雜，但我真正要你得到的是這種想像的物件的感覺，以及它們有趣的行為。了解這個主題的吸引力以及方法（尤其在現代）是很重要的。然而，哥斯達黎加倉鼠和數學物件例如數字或三角形之間，有個關鍵性的差異：倉鼠是真實的。牠們是真實世界的一部分。數學的物件，即使最初的靈感是來自於現實的觀點（例如石頭堆、月亮的形狀），仍然只是我們想像的事物。

不只如此，它們還是我們創造的，我們賦予它們一些特定的特性；也就是，它們是應我們的要求而生的。我們在真實世界也會建造東西，但我們總是受限於及受阻於真實世界的本質。有些我想要的東西，因為原子和重力作用的關係，我就是無法獲得。但是在數學實境裏，因為那是想像的，我差不多可以真的得到我想要的。例如，如果你告訴我 1 + 1 = 2，我不能改變它，但我可以單純地夢想有一種新的倉鼠，當你把牠和牠自己加在一起，就會消失不見：1 + 1 = 0 。也許這個 0 和 1 不再是聚落，而且也許這個「加」不是將聚落堆到一起，但我仍然會有某種「數系」。當然，這會產生不同的後果（像是所有的偶數都會等於零），但是就任其發展吧。

尤其是，如果我們覺得合適，我們還可以任意地美化或「改善」我們的想像架構。例如，過了很長一段時間，數學家逐漸萌生一種想法，1, 2, 3 等等這樣的聚落，在某方面還頗不適當的。這個系統有讓人很不舒服的不對稱性存在，我們永遠都可以增加石頭，但是卻不是永遠都可以拿走石頭。「你無法從二拿走三」，就是真實世界的箴言，

但是我們數學家不喜歡人家告訴我們什麼可以做，什麼不可以做。所以我們加入一些新的倉鼠，好讓這個體系更美好一些。具體地說，就是擴充我們聚落大小的符號，將零包含進來（空的聚落），然後我們可以對新的數字像是「－3」定義為「和三相加得到零的數字」。其他的負數也都類似如此定義。請注意，這裏的哲理是——一個數字就是這個數字做了什麼。

更特別的是，我們可以將老式的減法行為，換成是比較新潮的概念：反向的加法。過去我們說「從八拿走五」或「八減五」，現在我們可以（如果我們希望這樣做的話）把這個活動看成是「八加負五」。這樣做的優點是，我們只需進行一種運算：加法。我們把減法的概念從運算世界裏拿掉，轉到數字本身身上。因此，脫掉鞋子這件事，可以想成是穿上我的「反—鞋子」。當然我的反—反—鞋子就會是我的鞋子。你是否看出了這個觀點的迷人之處呢？

同樣地，如果乘法是你感興趣的東西（也就是說，複製石頭堆），你也可能注意到它也讓人不舒服地缺乏對稱性。什麼數字三倍之後為六？這還用問嗎，當然是二。但

是什麼數字三倍之後為七呢？沒有任何一個石頭堆像那樣的。這多惱人呀！

當然我們不是真的在談石頭堆（或反—石頭）。我們談的是一個抽象的想像結構，而靈感是來自石頭堆。所以如果我想要有個數字三倍之後為七，那我們可以就建造一個。我們甚至無需去工具間取得工具——我們只要「把它帶出來」就好了。我們甚至可以給它一個名字像是「7/3」（這是一個埃及縮寫符號的修正版，代表「乘以三之後為七的數字」），以此類推。所有算術常用的「規則」都只是這些美學選擇的結果而已。所有那些常常出現在學生面前的冷酷、無聊的事實及公式，其真實面目都是這些新的生物彼此互動所產生的令人興奮及動態的結果——由牠們內在的本性所玩出來的模式。

以這樣的方式，我們遊戲、創造、試著更接近完全的美麗。十七世紀初期有個著名的例子，就是射影幾何（projective geometry）的發明。這裏的想法是拿掉平行性（parallelism），來「改良」歐幾里得幾何。先把這個決定的歷史動機（與透視數學〔mathematics of perspective〕有

關）先擺在一邊不談，我們至少能欣賞到一項事實，就是一般而言兩條直線會相交於單一的一個點，而平行線則打破了這個模式。以另一種方式來說，兩個點決定一條線，但是兩條線不必然決定一個點。

這項大膽的想法是，在傳統的歐幾里得平面上增加新的點。具體地說，我們在這個平面上每個方向無限遠的地方創造一個新的點。因此，伸向那個方向的兩條平行線現在都會在那個新的點上「相會」。我們可以想像那個交會點是在那個方向無限遠的地方。當然，由於每條線都是向兩個相反的方向無限延伸的，那個新的點必然是位於兩個方向上無限遠的地方！也就是說，我們的直線現在是無限的迴路！這個想法很前衛吧？

請注意，我們的確得到了我們要的：每一對直線都正好相會在一個點上了。如果它們原來就曾相交，那它們符合這個敘述；如果它們是平行的，現在它們會相交在無限遠。（完整地說，我們應該也要再增加一條線，包含所有無限遠的點。）現在，任兩點決定且只決定一條線，而任兩條線決定且只決定一個點。這樣的環境多麼美好呀！

對你來說，這會不會聽起來像是精神病患的瘋言瘋語？我承認這需要一些了解。也許你反對這些新的點，因為它們不是真的存在「那裏」。但是歐幾里得的平面又一開始就存在嗎？

重點是這些都不是真實存在的事物，所以除了我們想要訂定的規則和限制之外，並沒有其他的規則和限制。這裏的美學觀很清楚，無論是從歷史上或哲學上而言：如果一套模式既有趣又有吸引力，那就是好的模式（如果這表示你必須要為一個新構想絞盡腦汁，那就更好）。儘管去建構你想要的任何東西，只要不是討人厭的無聊東西就好。當然這是品味問題，而品味會隨著時間改變和進化的。這就來到藝術史的範疇了。身為一個數學家，好像跟聰明不是那麼相關（雖然那絕對有很大的幫助）；而是要有美學上的感受力，以及具有精緻的、有鑑賞力的品味。

尤其是，自相矛盾通常被視為是討厭的。所以，至少我們的數學創造物必須有邏輯上的一致性。在延伸或是改良現有架構的時候，這一點尤其重要。我們當然是可以任意做我們想做的，但是通常我們在延伸擴張一個系統時，

不能讓新的模式與舊的模式發生矛盾（例如與負數或分數的計算產生矛盾）。偶爾，這會迫使我們做出不想做的決定，像是禁止以零做為除數的限制（如果「1/0」這樣的數字存在的話，將會和「任何數字乘以零都是零」這個很好的模式產生矛盾）。無論如何，只要是符合一致性，你幾乎可以做任何你想做的事。

因此，在數學的風景裏充滿了這些我們為了娛樂自己而建造出來（或是偶然發現）的有趣又可愛的架構。我們觀察它們、留意它們的模式、嘗試做出簡潔又令人信服的敘述，來解釋它們的行為。

至少，那是我在做的事。外面一定有人的方法和我相當不同──實務心態的人尋找的是真實世界的數學模型，好幫助他們做預測或是改善人類的某些現狀（或至少改善他們公司的資產負債表）。然而，我不是那些人。使用數學，我唯一感興趣的是用數學來度過美好時光，以及幫別人也做到這一點。對我的人生而言，除此之外我想像不出更有價值的目標。我們全部的人，出生到這個世界，到了時候都會死掉，這就是人生。在這段時間，讓我們好好享

受我們的心智，以及應用我們的心智創造出來的奇妙又好玩的事物吧。我是不知道你的情況怎樣，而我可是樂在其中呢。

我們再深入這個叢林一些，好嗎？現在，你必須感謝人們已經做了好一段時間的數學（過去三百年左右更是密集），而且我們已經有了許多驚人的發現。這裏舉一個我一直都非常喜愛的例子：你把最前面幾個奇數相加，會得到什麼結果？

$$1 + 3 = 4$$
$$1 + 3 + 5 = 9$$
$$1 + 3 + 5 + 7 = 16$$
$$1 + 3 + 5 + 7 + 9 = 25$$

對於新手來說，這可能看起來像是隨機的一堆數字，但是這個序列：

$$4, 9, 16, 25, \ldots$$

可絕對不是隨機的。事實上，這些正好是平方數。也就是說，這些正好是你要做完美的正方形時，所需要的石

頭數目。

因此，平方數因為具有這種特別吸引人的特質，而從其他的數字中凸顯了出來，這也是它們得到這個特殊名稱的原因。這個名單當然會無限地延續下去，因為你可以做任何規模的正方形（這些是想像的石頭，因此我們可以無限量供應）。

但這是多麼驚人的發現呀！為什麼把連續的奇數相加起來，總是得到平方數呢？讓我們更進一步地探討下去：

$$1 + 3 + 5 + 7 + 9 + 11 + 13 = 49$$

（這是 7×7）

$$1 + 3 + 5 + 7 + 9 + 11 + 13 + 15 + 17 + 19 = 100$$

（這是 10×10）

看來一直都成立喔！而且這完全不是我們能夠控制

的。這是否為奇數具有的真正（令人驚訝而美妙）的特性，對此我們無法斷言。雖然我們創造了這些事物（這本身就是一個嚴肅的哲學問題），但現在它們橫衝直撞，做出了我們意料之外的事。這就是數學的「科學怪人」的一面──我們有權定義我們的創造物，將我們選擇的特徵或特質灌注進去，但是對於可能隨之而產生的行為，也就是因我們的選擇而發展出來的結果，我們是沒有發言權的。

在此，我無法強迫你對於這個發現感到好奇；你可能有興趣，也可能沒興趣。但是至少我能告訴你為什麼我會好奇。首先，「奇數相加」和「做平方數」（亦即，數字和自己相乘）看起來像是不同類的動作。這兩個概念看起來並沒有很大的關係。因此，這中間必定有什麼東西是違反直覺的。我被這個關連的可能性所吸引──一種新的、預料之外的關係，可能使我的直覺變得更好，而且可能會對我思考這些事物的方式產生恆久的改變。我認為對我而言，這是真正的關鍵部分：我想要被改變。我想要從根基徹底地被影響。這也許是我做數學的最大原因。我未曾見過或做過任何事，能像數學有這麼大的轉變力量。我的心

智幾乎每天都受到衝擊。

　　另一件要注意的事情是，奇數的集合是無限的。這一直都是神奇且令人著迷的。如果我們的模式實際上到某個地方就無法持續下去了，我們要如何知道呢？檢查了前面一百萬個例子，無法證明什麼——我們的模式可能在下一個例子就不成立了。事實上，關於整數就有數百個簡單的問題，至今仍無解——我們就是無法知道模式是否能持續下去。

　　所以我很想知道你對我們這個問題的感想。也許這不是你的菜，可是我仍然希望你能體會我為何喜愛它。大部分是因為我愛它的抽象性、純然的簡單。這不是那些複雜的國會選區重劃議題，或甚至是電子的碰撞問題。這是奇數，好嗎？它脫俗而純粹、放諸四海皆準的特質，深深地吸引我。這些不是毛茸茸、有味道、有血流、內臟的倉鼠；它們是我想像的快樂、自由、比空氣還輕的想法。還有，它們真的會令人嚇一跳！

　　你了解我的意思嗎？它們就是簡單得嚇人。這些不是

科幻小說裏的外星人，這些是化外生物，而且它們企圖要做些什麼。它們似乎加起來總會是平方數。但是原因呢？此時我們有的只是對奇數的猜測。我們已經發現了一種模式，而我們認為這會繼續下去。如果我們要的話，甚至可以證明頭一兆個例子都能成立。然後我們可以說，就實務上而言，這個模式是成立的。但是這不是數學。數學不是「真相」的集合（無論真相有多麼有用或有趣）。數學是理由與了解。我們想要知道為什麼，而不是為了任何實務上的目的。

在這裏，藝術就產生了。觀察和發現是一回事，但是說明是另一回事。我們需要的是一個證明，也就是可以幫助我們了解為什麼會發生這個模式的一個論述。數學證明的標準是要命的高。一項數學證明應該是絕對清晰的邏輯推論，如我先前所說，不只需要符合標準，而且要符合得很漂亮。這就是數學家的目標：以最簡單、最直截、邏輯上盡可能符合標準的方式做解釋。褪去神祕並揭露出簡單、清晰的真理。

如果你是我的學生，我們有較多的時間在一起，我會

在這一點上讓你開始思考、奮鬥，然後看你會拼湊出什麼樣的說明。（如果你要現在停止閱讀，開始來做這件事，那是最好了。）由於此處我的目標是讓你體驗數學的美麗，所以我將秀給你看一個很不錯的證明，看你覺得怎麼樣。

我們要如何開始證明這件事呢？這和目標是說服其他人的律師不一樣；和用實驗測試理論的科學家也不一樣。這是在理性科學世界裏的一種獨特的藝術形式。我們試圖打造一首「理性的詩篇」，完整、清晰並且符合最挑剔的邏輯要求，而在同時又能讓我們感動得起雞皮疙瘩。

有時候我會將數學評論想像成是一隻「雙頭怪獸」。第一顆頭要求的是滴水不漏的嚴謹邏輯解釋，在推理上絕對不能有缺口，或是有任何打馬虎眼的模糊空間。這顆頭是非常注重細節，且全然的冷酷無情。我們都恨它實在太嘮叨，但在我們心底，我們都知道它是對的。第二顆頭要的是純然的美麗與簡潔，讓我們感到愉悅，不光是能確認它，而且要得到更深刻的理解。通常是更難讓這顆頭滿意的。任何人都可以符合邏輯（事實上，演繹法〔deduction〕的有效性甚至可以機械式地加以檢驗），但是

要產生一個真正的證明，卻是需要靈感和神蹟的顯現。相類似的，要畫一幅精確的畫作，不是那麼困難，可以靠訓練觀察力和嫻熟的技巧來達成。但是要畫出有內涵的畫，能傳達情緒、與我們對話的畫——則完全是另一回事。簡而言之，我們的目標是要安撫住這隻雙頭怪獸。

不是每個證明都是那麼容易得到的。我們這些人大多數都被我們的題目搞得挫折萬分，所以當我們好不容易弄出個又醜、又厚重的論證（假設是邏輯上有效的）時，也會很高興。至少我們可以確定我們的猜測是正確的，不會有反例存在。但這是無法令人滿意的狀態，不能持續下去。如同哈帝（G. H. Hardy）所說：「醜陋的數學在這世界上沒有長久的立身之地。」歷史告訴我們，最終（也許幾個世紀之後）總會有人發現真正的證明，那個證明傳達的不僅是個訊息，也是天啟（revelation）。

但是我們要怎麼做呢？沒有人真正知道。你只能嘗試、失敗、挫折、渴望靈感到來。對我來說，這是一場探索、一趟旅程。通常我或多或少知道要去哪裏，只是不知道要如何到達那裏。我唯一確知的是，沒有經歷許多痛

苦、挫折、揉掉的紙張，我是到不了那裏的。

所以讓我們想像一下，你和這個題目已經遊戲了好一段時間了，然後在某個時點，你得到了這個領悟：這個模式所要說的是，任何正方形設計都可以分解成奇數的碎片。因此你嘗試了切割的方法。剛開始的一些嘗試都成功了，但是沒有真正的統一性；它們看起來像是隨機的，沒有一般性：

然後，突然之間，呼吸停止心跳加速的一瞬間，雲開見日，你終於看到了：

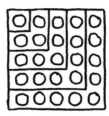

　　一個正方形是L型疊起來的集合，這些L型裏面全部都是奇數。我發現了！現在你了解為什麼數學家會從浴缸裏跳起來，裸著身體衝到街上了吧？你了解為什麼這個沒有實用性、像小孩子玩的遊戲，會這麼讓人無法自拔了吧？

　　我尤其希望你能了解的就是這種感受，神聖天啟的感受。我覺得這個結構一直都「存在」，只是我看不到。如今我能看到了！這是讓我一直待在數學遊戲裏的真正原因——我有機會窺見某種祕密的、最原初的真相，某種來自神的訊息。

　　對我而言，這種數學經驗是直搗人類存在意義的問題核心。而我甚至要更深入地說，數學，這種抽象的創造模式的藝術——更甚於說故事、繪畫、或是音樂——是我們最典型的藝術類型。這是我們的大腦要做的事，不管我們是否喜歡動腦。我們是生化的模式辨識機器，而數學正是我們存在的意義。

　　讓我們再回到原來的議題。這些L型的作為事實上是

遵循著某種模式的，這一點是否清楚呢？每一個相接的L
型都正好是連續的奇數，而且這個模式會一直持續下去，
這一點是否為顯而易見的呢？（這類的懷疑是典型的雙頭
怪獸第一顆頭的要求。）我們知道我們認為這些L型在做
什麼，以及我們要它們做些什麼，但是誰說它們就會遵照
我們的想法呢？

　　這是在數學裏一直都會發生的事。如果證明是一個故
事，那麼它會有段落、或是章節，就像小說中的場景一
樣。我們的解釋論述所做的事情，就是將問題分解成較小
的問題。這是數學評論中很重要的一部分。這不表示我們
的證明錯誤或是不好，我們只是要更謹慎地檢驗它，將它
切片放在理性的顯微鏡下檢查一番。

　　那麼為什麼L型會是奇數呢？最角落的地方當然是只
有一顆石頭，而下一片L型會有三顆，不管這個正方形有
多大都一樣。實際上，我假設我們可以包容一個可能性，
就是我們的「正方形」只有一顆石頭。你是否要包含這
類「瑣碎」的案例，完全由你決定。典型的做法是將它包
含在內，因為它不會破壞我們的模式：第一個奇數的和，

1，事實上是第一個正方形，1×1。（如果你的興趣更進一步，你想要包含零——頭零個奇數的和，等於0×0——那麼你可能要慎重地考慮當個職業數學家）。無論如何，頭幾個L型很明顯地符合我們的期望。

但是，當正方形大到超出我們畫圖或計算的能力後，這個模式也會持續下去，這一點是明顯清楚的嗎？讓我們想像一個假設的L型：

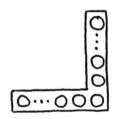

有一點很重要，要了解我心裏沒有任何特定的大小規模，只是維持開放的心態，很普遍性地論述——這是個任意大小的L型；如果你想要，可以稱它為第n個；彰顯本質的那一個。希望我們可以體驗到我們下一個澄清的時刻：

128

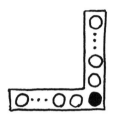

任何 L 型都可以分解成兩條「臂」和一個「交點」。
兩條臂是相等的，所以它們包含相同的數目，而交點則只
有一個。這就是為什麼總數永遠是奇數！更進一步，當我
們從一個 L 型到下一個 L 型時，我們看到每一條臂都多了
正好一個石頭：

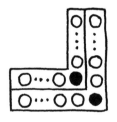

這表示每一個相接的 L 型都比前一個多了正好兩個石
頭。這就是為什麼這個模式會一直持續下去！

這是一個例子讓大家了解做數學是什麼。與模式玩遊
戲、注意觀察事物、做出猜測、尋找正例和反例、被激發

去發明和探索、製作出論證並分析論證、然後提出新的問題。這就是做數學。我並不是說這是極為重要的事；它不是。我並不是說這可以治癒癌症；它不能。我說的是它很有趣，以及它讓我感覺很好。還有，它是完完全全無害的。人類的活動中有多少是可以讓你這麼說的？

再來，我要點出一些重點。首先，請注意一旦我知道**為什麼**某件事是恆真的，那麼我們就知道它是真的。即使有一兆個例子，也無法告訴我們任何事；在無限數量的情況下，要知道它是什麼的唯一方法，就是要知道為什麼。證明，是我們以有限的方法，去捕捉無限數量的資訊。這就是具有某種模式的意思——如果我們有辦法用語言捕捉到這個模式的話。

我想要你欣賞的另一件事，是數學證明的**決定性**（finality）。這並非暫時性或假設性的，也不會在將來變成是錯的。這論述是完全自我滿足的（self-contained）；我們無須等待實驗來確認。

最後，我要再次強調，在此重要的不是「連續的奇數

相加會得到平方數」這個事實；重要的是發現、說明和分析。數學真理只是這些活動附帶產生的副產品。繪畫的目的不是要被掛在博物館的牆上，而是你所做的事——你用刷具和顏料所得到的體驗。

依我看來，藝術不是名詞的集合，而是動詞——甚至是生活的方式（或至少是解悶、逃避的一種手段）。將我們剛才一起經歷過的冒險，降格簡化為只是一項事實的敘述，這是完全弄錯了重點。重點在於我們製作了一件事物。我們製作了美妙、令人陶醉的事物，而且我們做得津津有味。有那麼個火花閃爍的瞬間，我們掀起了面紗，瞥見了永恆的純粹美麗。這難道不是極有價值的事物嗎？人類最迷人和最富想像力的藝術類型，難道不值得讓我們的孩子去接觸嗎？我認為，絕對值得。

所以，我們現在就來做數學吧！我們剛才看到了將連續的奇數相加起來，一定會是平方數（更重要的是，我們知道為什麼）。如果我們將連續的偶數相加起來，又是如何呢？將所有的數都加起來呢？是否有簡單的模式存在呢？你可以解釋為什麼是這樣嗎？好好玩一下吧！

　等一下，保羅。你說數學不過是心理上的自我滿足？製作出想像的模式和結構，然後研究它們並嘗試為它們的行為做出漂亮的說明，而這全都是為了某種純粹的智性美學？

　是的。那正是我的意思。尤其，純數學（我指的是數學證明的藝術）完全沒有實際或是經濟的價值。你也知道，實用的東西不需要說明的。它們不是能用，就是不能用。即使你找到一個方式，可以將我們的奇數發現用在某種實際上的用途（當然有很多數學確實是非常有用的），你也沒有必要做我們那些漂亮的說明。如果它在前一兆個數字上有用，那它就是有用。牽涉到無限數量的問題，不會出現在商業上或醫學上。

　無論如何，重點不在數學是否具有任何實用價值——我不在乎它有沒有。我要說的是，我們不需要以這個為基礎來證實它的正當性。我們談的是一個完全天真及愉悅的人類心智活動——與自己心智的對話。數學不需要乏味的勤奮或技術上的藉口。它超越所有的世俗考量。數學的價值在於它是好玩、有趣，並帶給我們很大的歡樂。要說數

學很重要因為它很有用，就像是說小孩子很重要因為我們可以訓練他們做精神上無意義的勞動，以提高公司的利潤。難道，我們真的這樣想嗎？

＊　＊　＊

讓我們快速逃回到叢林中吧。正如同倉鼠佔據了特定的生物利基──牠們喜歡吃的植物和昆蟲，牠們棲息的地理位置和領域──數學問題也有棲息的環境──結構上的環境。讓我試著以我個人喜愛的另一個例子來做說明。

這裏有兩個點，位於一條直線的同一側。題目是，從一個點到另一個點要碰觸到直線的最短路徑為何？（當然，要碰觸到直線這個要求，是這個題目的趣味之所在。如果我們去掉這個要求，那麼答案很明顯的就是連接兩個點的直線了）。

很明顯地，最短的路徑一定看起來像是這樣：

由於我們的路徑必須碰觸直線的某個地方，我們必須以直線抵達這個地方。問題在於，「這個地方」是哪裏？在這條線上所有有可能的點當中，哪一個點能給我們最短的路徑？還是，它們的長度全都相同？

這是一個多麼明確又迷人的題目呀！這樣令人愉悅的背景設定，讓我們可以在其中運用創造力和巧思。還有，請注意：我們甚至不必做任何猜測。對於最短的路徑，我們沒有任何線索，所以我們甚至不知道要去證明什麼！所以在此，我們必須要發現的不只是對於真相的說明，首先還必須找出真相才行。

再一次地，身為你的數學老師，我應該做的正確的事，就是什麼都不做。這似乎是大多數老師（及一般成年人）認為無法做到的事。如果你是我的學生（且假設你對這個題目有興趣），我只會說：「好好地玩吧，有什麼結果隨時告訴我。」而你和這個題目的關係將會順其自然地發展下去。

然而，我將利用這個機會秀給你看另一個美好的數學論證，我希望這能夠吸引你，並且啟發你的靈感。

事實上，結果是只有一條最短的路徑，我來告訴你如何把它找出來。為了方便起見，我們將這兩個點命名為A和B。假設我們有一條路徑從A到B且碰觸到直線：

有一個非常簡單的方法，可以告訴我們這條路徑是否為最短。這個構想，是幾何學當中最令人驚訝和

出人意料的構想之一，就是尋找在直線另一側的鏡射（reflection）！具體而言，讓我們取這條路徑的其中一段，也就是從碰觸到直線那一點到 B 點的這一段，鏡射到直線的另一側：

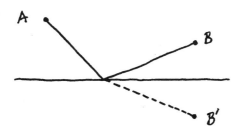

現在我們有了另一條路徑，從 A 點出發，穿過直線抵達 B′點，B′點是 B 點的鏡射。用這個方式，任何從 A 到 B 的路徑都可以轉換成從 A 到 B′的路徑：

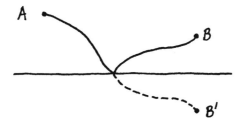

　　重點來了：新路徑的長度和原路徑的長度是相同的！你看出來為什麼了嗎？這表示，找出從 A 到 B 要碰觸到直線的最短路徑，等於要找出從 A 到 B′ 的最短路徑。但是這容易多了——就是直線呀！換言之，我們要找的路徑很簡單，就是鏡射之後為直線的路徑！

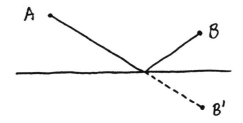

　　這不是很厲害嗎？真希望我看得到你的臉——看到你的眼睛是否亮了起來，確定你真的有意會到這個重點。數學在根本上就是一種溝通的行為，而我要知道我的想法是否有傳達出去了。（如果眼淚沒有從你臉龐流下來，也許你該再讀一遍。）

　　我要你知道，當我第一次看到這個證明，我完全震懾住了。震撼我（至今仍然如此）的是它的反常。我要說的重點是，兩個點都在直線的上方，它們之間最短的路徑也

在直線的上方。這和直線下方有什麼狗屁關係啊？對我而言，這是個動搖根本的論證；絕對是我數學成長經驗的一部分。

所以我要用這個題目來評論一下現今數學家看待這個學科的方式。這個題目真正要傳達的是什麼？此處我們面對的是什麼樣的議題？首先要注意的是題目的背景設定（setting）——點、線、行為發生的平面、對於距離或長度的意識——這些都是幾何的（geometric）結構的特徵。這個題目符合關於空間環境及距離觀念的問題類型。範圍遠從古希臘人的「初等」幾何想法（其靈感來自早期埃及人對於真實世界的觀察），到最抽象、奇異的想像的結構——其中有許多和真實世界中的東西一點關係都沒有。（這不表示我們知道真實世界是什麼，但你應該知道我的意思。）

基本上，數學家將「點」（可能相當武斷和抽象）以及點和點之間「距離」的概念（它可能不像任何我們所熟悉的事物），相關的這些題目和理論歸在一個群組，用了「幾何學的」（geometric）這個形容詞。例如，一個包含了

紅色珠子和藍色珠子五顆一串的珠串組成的「空間」，可以定義其幾何結構為：兩個珠串之間的距離為珠串排序位置顏色不同的數量。因此，「紅藍藍紅藍」和「藍藍藍紅紅」這兩個點之間的距離為2，因為第一顆和最後一顆這兩個位置的珠子顏色不同。在這個空間中，你能找出一個「等邊三角形」嗎（也就是，三個點彼此之間的距離都相等）？

相同地，問題的類型也可以是代數、拓樸、分析的結構等等，或是上述各種問題類型的組合。數學的某些領域，像是集合論、序型（order types）研究，是關於一些幾乎沒有任何結構的物件，然而其他（例如，橢圓曲線）則涉及我們所知的幾乎所有的結構類型。這類架構的重點，和生物學的分類是相同的：幫助我們理解。知道倉鼠是哺乳類（這並非武斷的分類，而是結構上的分類），可以幫助我們預測，以及知道要觀察的重點。分類是我們直覺的指南。同樣地，知道我們的題目具有幾何學的結構，可以給我們很多線索，讓我們不必浪費時間在不符合那個結構的方法上。

　　例如，在剛才那個最短路徑的題目裏，若有任何解題計畫涉及到彎曲或扭轉的，幾乎自動註定要失敗，因為這類動作會扭曲了形狀，並搞亂了長度的資訊。我們應該要去思考保持結構（structure preserving）的動作和轉換。我們題目的例子，在歐幾里得幾何環境中，自然的動作會是那些將距離保持住的——例如：滑行、旋轉、鏡射。從這個觀點，鏡射的使用可能不再那麼令人意外；它是這類題目結構框架下一個自然的元素。

　　但是這還沒有結束。關於證明這件事，它永遠有辦法證明得比你想要的更多。該論證的精髓在於這項事實：跨越直線的鏡射，保持住了距離。這表示我們的論證適用於有點、線、距離、鏡射觀念的任何背景設定。舉例來說，在一個球面上，跨越赤道線（equator）有一個鏡射的概念：

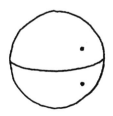

　　這表示赤道線（當我們將球體對半切時的切口曲線）是「直線」在球面上的自然類比。事實上，在球面上兩個點之間最短的路徑，是走赤道線（這就是為什麼飛機常採取此航線的原因）。

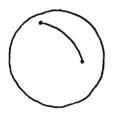

　　因此，在球面上的相對應題目就會是：在赤道線同一側的兩個點，連接兩點並碰觸赤道線的最短路徑為何？我的重點是我們同樣的論證仍然行得通。同樣的，是與鏡射點成直線的路徑。

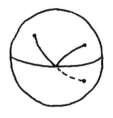

　　如果我們有兩個點在一個平面同一側的空間裏呢？

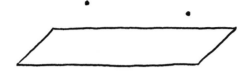

　我要說的就是，證明會比它的誕生背景來得重要。一個證明會告訴你什麼是真正重要的，什麼只是一堆塵埃或是不相關的細節；證明將麵粉和粗糠分開。當然，就這個觀點而言，有些證明是優於其他證明的。常常新的論證被發現出來後，顯示出過去認為重要的假設實際上是沒有必要的。我在這裏真正想告訴你的是，數學結構與其說是我們設計和建造的，還不如說是*我們的證明*所設計和建造的。

　數學的歷史發展（尤其在過去兩、三個世紀）顯現出一致、無可否認的模式：先是問題（題目），來源眾多且多樣，常常是受到真實世界啟發產生的。最終，在不同的問題間建立連結，通常是因為在各種證明中出現的共同元素。然後設計出抽象結構，可以「承載」形成連結的那類資訊（典型的例子是「群」〔group〕的概念，它抽象地捕

捉了封閉的行為系統的概念，例如，代數運算如加法，或是像旋轉或重排這類的幾何或組合系統的轉換）。然後，新抽象結構的行為相關問題被提了出來——分類法問題、不變量的建構、子物件（sub-object）的結構，等等。而過程會繼續下去，因為抽象結構之間的新連結被發現，產生了更強有力的抽象化。因此，數學與它「樸素的」起源是愈走愈遠了。數學的某些領域，像是邏輯和範疇論（category theory），它們關心的所謂空間，裏面的「點」竟是數學理論本身！

舉個小例子來說明，我們路徑問題的關鍵想法在於鏡射。鏡射有個有趣的特性，就是當你做兩次鏡射，結果會回到原來，就像是你根本沒做鏡射一樣。這是否讓你想起什麼呢？這就像是我們自我毀滅的倉鼠一樣——新版本的1，會讓 $1 + 1 = 0$ 的1。在這裏，我們在代數結構和幾何結構之間有了連結。這提出了一大堆問題，不同的數系可以具備幾何「表徵」（representation）到什麼程度。你是否能建構出一個數系，它的行為像是三角形的旋轉呢？

我真正嘗試要解釋的是，身為一個現代數學家，我們

總是費心尋找結構，以及可以保持結構的轉換。這個方法不只提供我們一個有意義的方式，可以將問題歸類在一起，以及可以了解它們的本質，同時也幫助我們在尋找證明的方法時，能縮小範圍。如果一個新的題目，和我們已經有解的題目，屬於相同的結構類別，我們就可以使用或修正原來的方法就好。

好了，現在抓起你的登山砍刀，我們回到叢林裏去吧。我禁不住就是要再給你至少一個數學美學的例子。我喜歡稱這個題目為「派對上的朋友」（Friends at a Party）：在一個派對上，一定會有兩個人有相同數目的朋友嗎？

首先，要決定我們字詞的定義。人是指什麼？朋友是什麼？派對又是什麼？數學家如何處理這些議題？當然，我們不要處理真正的人類和他們複雜的社交生活。簡單的美學，要求我們甩開所有這類不必要的複雜性，直搗事件的核心。這不是一個關於人和朋友的問題，這是關於「抽象的」朋友關係。因此，派對變成「朋友關係結構」，包含了一組的物件（它們是什麼並不重要），以及它們之間（可能是雙向的）關係的集合。

如果我們想要的話，我們可以使用一個簡單的圖形來想像這樣的結構：

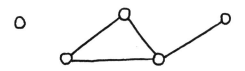

這裏是有五個人的派對，包括一個陌生人（沒有朋友）以及一個相對活潑的人（有三位朋友）。而剛好有兩個物件有相同數目的連結（假設為兩個朋友，就是2）。

因此，在這裏的是一個簡單而美妙的數學結構類型（在數學這一行稱為組合圖〔combinatorial graphs〕），關於它們有一個自然又有趣的問題：是否每個圖形都有一對（兩個）物件有相同數目的連結？（當然我們假設我們圖形中有一個以上的物件）。

然而，像這些問題的數學題目都是從哪裏來的呢？我告訴你：它們都是來自遊戲。就是在數學實境裏遊戲，通常心中沒有特定的目標。不難發現好的問題──只要你自己走進叢林中。走不到三步，你就會被有趣的事物給絆

倒：

你：保羅，我剛才在想你之前說過的問題，將數字排成
　　列，然後我注意到有些數字非常奇特，它們沒辦法排
　　成任何平整的行列。像十三就是一個例子。

我：你總是可以把十三個排成一列……或是每列一個排成
　　十三列！

你：是的，但是那很無趣呀。任何數字你都可以這樣做
　　的。我是指至少排成兩列。無論如何，我就開始把這
　　些奇怪的數字列出來，就像這樣：

1, 2, 3, 5, 7, 11, 13, 17, 19, 23, 29, 31, 37, 41, 43, 47, ...

　　這個清單似乎會一直繼續下去，但我還找不到它的任
　　何模式。

我：喔，你發現某件非常神祕的事物了。實際上，我們對
　　於你的這些奇怪數字，所知並不太多。我們確實知道
　　的一件事，是它們會一直繼續下去──那些不能排成
　　行列的數字是無限多的。也許你可以嘗試去證明這一
　　點。

你：是的，我會好好想想。無論如何，我注意到這份清單上的一件事，就是數字間的間距。隨著數字變大，間距似乎通常會變大，但是有時候，你會得到這些小團塊，像是 17, 19 還有 101, 103，它們的距離只有二。這樣的情況會持續發生嗎？

我：沒人知道！你的奇怪數字被稱為「質數」（primes），而那些成對的被稱為「攣生質數」（prime twins）。它們是否會一直出現，這個問題被稱為攣生質數猜測（twin prime conjecture）。事實上，這是算術上最有名的未解問題之一。研究這個問題的大多數人（包括我自己）感覺到這可能是真的——攣生質數應該會一直出現——但是沒有人能確定這一點。我希望在我有生之年能見到這個證明，但對此我不是非常樂觀。

你：真是詭異呀，這麼簡單的事物，卻變成這麼艱難的問題！我還注意到另外一件事，在 3, 5, 7 之後，似乎不再出現連續三個質數。這是真的嗎？

我：三胞胎質數（prime triplets）！你找到一個很棒的題目。你何不研究一下這個問題，然後看看你會得到什麼結果……

（幾天之後）

你：我想我有所發現喔！我找的是三胞胎質數，而我卻注
　　意到另一件事：當你有三個連續奇數，其中一個必是
　　三的倍數。例如13, 15, 17，中間的數字就是5×3。

我：太棒了！這確實解釋了為什麼3, 5, 7是僅有的三胞胎
　　質數——唯一是三的倍數的質數就是三本身。現在你
　　只需要找出為什麼三個連續奇數中必然包含有三的倍
　　數。

你：這個過程會不會有結束的時候？數學會不會有盡頭
　　呢？

我：不會的，因為為題目求解總是會帶來新的問題。例
　　如，現在你已經讓我開始想五個連續的奇數中是否一
　　定包含有五的倍數……

　　數學問題就是這樣產生的——出自真誠而有意外收穫
的探索。而這不是生活中每一件偉大事物的運作方式嗎？
小孩子了解這一點的。他們知道學習和遊戲是同一件事。
悲哀的是，成年人已然忘卻。他們把學習想成是討厭的工
作，所以學習就變成討厭的工作了。他們的問題是意念所

生（intentionality）。

所以我要給你的唯一實用忠告是：遊戲就對了！做數學不需要證照。你不需要上課或讀書。數學實境是你的，往後的人生你都可以悠遊其中。它存在你的想像之中，你可以做你要做的任何事。當然，也包括不做任何事。

如果你剛好是學校裏的學生（我為你哀悼），那麼請試著不要去理會數學課程中無來由的荒謬。如果你想要的話，你可以真正去做數學來逃離無聊和厭煩。當你盯著窗外、等待下課鈴響之際，能想點有趣的事，這還挺不錯的。

如果你是數學老師，那麼你更是需要在數學實境中悠遊。你的教學應該是從你自己在叢林中的體驗很自然地湧出來，而不是出自那些在緊閉窗戶車廂裏的假遊客觀點。所以，丟掉那些愚蠢的課程綱要和教科書吧！然後，你和你的學生可以開始一起做些數學。嚴肅地說，如果你沒有興趣探索你自己個人的想像宇宙，沒有興趣去發現和嘗試了解你的發現，那麼你幹嘛稱自己為數學教師？如果你和

你的學科沒有親身的關係，如果它不能感動你，讓你起雞皮疙瘩，那你必須找其他的工作做。如果你喜歡和小孩相處，你真的想要當老師，那很好——但是去教那些對你真正有意義、你能說得出名堂的學科。對這一點誠實是很重要的，否則我想我們這些老師會在無意間對學生造成很大的傷害。

而如果你不是學生，也不是老師，僅僅是個生活在這個世界上、和其他人一樣在尋找愛和意義的人，我希望我有盡力做到讓你窺得美妙與純粹，一個無害且愉悅的活動，數百年來，它帶給許多人無法形容的欣喜。

書　號	書　　　名	作　　者	定價
QB1031	我要唸MBA！：MBA學位完全攻略指南	羅伯‧米勒、凱瑟琳‧柯格勒	320
QB1032	品牌，原來如此！	黃文博	280
QB1033	別為數字抓狂：會計，一學就上手	傑佛瑞‧哈柏	260
QB1034	人本教練模式：激發你的潛能與領導力	黃榮華、梁立邦	280
QB1035	專案管理，現在就做：4大步驟，7大成功要素，要你成為專案管理高手！	寶拉‧馬丁、凱倫‧泰特	350
QB1036	A級人生：打破成規、發揮潛能的12堂課	羅莎姆‧史東‧山德爾、班傑明‧山德爾	280
QB1037	公關行銷聖經	Rich Jernstedt等十一位執行長	299
QB1039	委外革命：全世界都是你的生產力！	麥可‧考貝特	350
QB1041	要理財，先理債：快速擺脫財務困境、重建信用紀錄最佳指南	霍華德‧德佛金	280
QB1042	溫伯格的軟體管理學：系統化思考（第1卷）	傑拉爾德‧溫伯格	650
QB1044	邏輯思考的技術：寫作、簡報、解決問題的有效方法	照屋華子、岡田惠子	300
QB1045	豐田成功學：從工作中培育一流人才！	若松義人	300
QB1046	你想要什麼？（教練的智慧系列1）	黃俊華著、曹國軒繪圖	220
QB1047	精實服務：生產、服務、消費端全面消除浪費，創造獲利	詹姆斯‧沃馬克、丹尼爾‧瓊斯	380
QB1049	改變才有救！（教練的智慧系列2）	黃俊華著、曹國軒繪圖	220
QB1050	教練，幫助你成功！（教練的智慧系列3）	黃俊華著、曹國軒繪圖	220
QB1051	從需求到設計：如何設計出客戶想要的產品	唐納‧高斯、傑拉爾德‧溫伯格	550
QB1052C	金字塔原理：思考、寫作、解決問題的邏輯方法	芭芭拉‧明托	480
QB1053	圖解豐田生產方式	豐田生產方式研究會	280
QB1054	Peopleware：腦力密集產業的人才管理之道	Tom DeMarco、Timothy Lister	380

書　號	書　　　名	作　　者	定價
QB1055X	感動力	平野秀典	250
QB1056	寫出銷售力：業務、行銷、廣告文案撰寫人之必備銷售寫作指南	安迪・麥斯蘭	280
QB1057	領導的藝術：人人都受用的領導經營學	麥克斯・帝普雷	260
QB1058	溫伯格的軟體管理學：第一級評量（第2卷）	傑拉爾德・溫伯格	800
QB1059C	金字塔原理 II：培養思考、寫作能力之自主訓練寶典	芭芭拉・明托	450
QB1060X	豐田創意學：看豐田如何年化百萬創意為千萬獲利	馬修・梅	360
QB1061	定價思考術	拉斐・穆罕默德	320
QB1062C	發現問題的思考術	齋藤嘉則	450
QB1063	溫伯格的軟體管理學：關照全局的管理作為（第3卷）	傑拉爾德・溫伯格	650
QB1065C	創意的生成	楊傑美	240
QB1066	履歷王：教你立刻找到好工作	史考特・班寧	240
QB1067	從資料中挖金礦：找到你的獲利處方籤	岡嶋裕史	280
QB1068	高績效教練：有效帶人、激發潛能的教練原理與實務	約翰・惠特默爵士	380
QB1069	領導者，該想什麼？：成為一個真正解決問題的領導者	傑拉爾德・溫伯格	380
QB1070	真正的問題是什麼？你想通了嗎？：解決問題之前，你該思考的6件事	唐納德・高斯、傑拉爾德・溫伯格	260
QB1071C	假說思考法：以結論為起點的思考方式，讓你3倍速解決問題！	內田和成	360
QB1072	業務員，你就是自己的老闆！：16個業務升級祕訣大公開	克里斯・萊托	300
QB1073C	策略思考的技術	齋藤嘉則	450
QB1074	敢說又能說：產生激勵、獲得認同、發揮影響的3i說話術	克里斯多佛・威特	280
QB1075	這樣圖解就對了！：培養理解力、企畫力、傳達力的20堂圖解課	久恆啟一	350
QB1076	鍛鍊你的策略腦：想要出奇制勝，你需要的其實是insight	御立尚資	350

經濟新潮社　　〈經營管理系列〉

書　號	書　名	作　者	定價
QB1078	讓顧客主動推薦你： 從陌生到狂推的社群行銷7步驟	約翰・詹區	350
QB1079	超級業務員特訓班：2200家企業都在用的「業務可視化」大公開！	長尾一洋	300
QB1080	從負責到當責： 我還能做些什麼，把事情做對、做好？	羅傑・康納斯、 湯姆・史密斯	380
QB1081	兔子，我要你更優秀！： 如何溝通、對話、讓他變得自信又成功	伊藤守	280
QB1082	論點思考：先找對問題，再解決問題	內田和成	360
QB1083	給設計以靈魂：當現代設計遇見傳統工藝	喜多俊之	350
QB1084	關懷的力量	米爾頓・梅洛夫	250
QB1085	上下管理，讓你更成功！： 懂部屬想什麼、老闆要什麼，勝出！	蘿貝塔・勤斯基・瑪圖森	350
QB1086	服務可以很不一樣： 讓顧客見到你就開心，服務正是一種修練	羅珊・德西羅	320
QB1087	為什麼你不再問「為什麼？」： 問「WHY？」讓問題更清楚、答案更明白	細谷 功	300
QB1088	成功人生的焦點法則： 抓對重點，你就能贏回工作和人生！	布萊恩・崔西	300
QB1089	做生意，要快狠準：讓你秒殺成交的完美提案	馬克・喬那	280
QB1090	獵殺巨人：十個競爭策略，打倒產業老大！	史蒂芬・丹尼	380
QB1091	溫伯格的軟體管理學：擁抱變革（第4卷）	傑拉爾德・溫伯格	980
QB1092	改造會議的技術	宇井克己	280
QB1093	放膽做決策：一個經理人1000天的策略物語	三枝匡	350
QB1094	開放式領導：分享、參與、互動——從辦公室到塗鴉牆，善用社群的新思維	李夏琳	380
QB1095	華頓商學院的高效談判學：讓你成為最好的談判者！	理查・謝爾	400
QB1096	麥肯錫教我的思考武器：從邏輯思考到真正解決問題	安宅和人	320
QB1097	我懂了！專案管理（全新增訂版）	約瑟夫・希格尼	330
QB1098	CURATION策展的時代：「串聯」的資訊革命已經開始！	佐佐木俊尚	330

書　號	書　　　名	作　　者	定價
QB1099	新‧注意力經濟	艾德里安‧奧特	350
QB1100	Facilitation引導學：創造場域、高效溝通、討論架構化、形成共識，21世紀最重要的專業能力！	堀公俊	350
QB1101	體驗經濟時代（10週年修訂版）：人們正在追尋更多意義，更多感受	約瑟夫‧派恩、詹姆斯‧吉爾摩	420
QB1102	最極致的服務最賺錢：麗池卡登、寶格麗、迪士尼都知道，服務要有人情味，讓顧客有回家的感覺	李奧納多‧英格雷利、麥卡‧所羅門	330
QB1103	輕鬆成交，業務一定要會的提問技術	保羅‧雀瑞	280
QB1104	不執著的生活工作術：心理醫師教我的淡定人生魔法	香山理香	250
QB1105	CQ文化智商：全球化的人生、跨文化的職場——在地球村生活與工作的關鍵能力	大衛‧湯瑪斯、克爾‧印可森	360
QB1106	爽快啊，人生！：超熱血、拚第一、恨模仿、一定要幽默——HONDA創辦人本田宗一郎的履歷書	本田宗一郎	320

經濟新潮社　　　〈經濟趨勢系列〉

書　號	書　　名	作　者	定價
QC1001	全球經濟常識100	日本經濟新聞社編	260
QC1002	個性理財方程式：量身訂做你的投資計畫	彼得・塔諾斯	280
QC1003X	資本的祕密：為什麼資本主義在西方成功，在其他地方失敗	赫南多・德・索托	300
QC1004X	愛上經濟：一個談經濟學的愛情故事	羅素・羅伯茲	280
QC1007	現代經濟史的基礎：資本主義的生成、發展與危機	後藤靖等	300
QC1014X	一課經濟學（50週年紀念版）	亨利・赫茲利特	320
QC1015	葛林斯班的騙局	拉斐・巴特拉	420
QC1016	致命的均衡：哈佛經濟學家推理系列	馬歇爾・傑逢斯	280
QC1017	經濟大師談市場	詹姆斯・多蒂、德威特・李	600
QC1018	人口減少經濟時代	松谷明彥	320
QC1019	邊際謀殺：哈佛經濟學家推理系列	馬歇爾・傑逢斯	280
QC1020	奪命曲線：哈佛經濟學家推理系列	馬歇爾・傑逢斯	280
QC1022	快樂經濟學：一門新興科學的誕生	理查・萊亞德	320
QC1023	投資銀行青春白皮書	保田隆明	280
QC1026C	選擇的自由	米爾頓・傅利曼	500
QC1027	洗錢	橘玲	380
QC1028	避險	幸田真音	280
QC1029	銀行駭客	幸田真音	330
QC1030	欲望上海	幸田真音	350
QC1031	百辯經濟學（修訂完整版）	瓦特・布拉克	350
QC1032	發現你的經濟天才	泰勒・科文	330
QC1033	貿易的故事：自由貿易與保護主義的抉擇	羅素・羅伯茲	300
QC1034	通膨、美元、貨幣的一課經濟學	亨利・赫茲利特	280
QC1035	伊斯蘭金融大商機	門倉貴史	300
QC1036C	1929年大崩盤	約翰・高伯瑞	350
QC1037	傷一銀行崩壞	幸田真音	380
QC1038	無情銀行	江上剛	350
QC1039	贏家的詛咒：不理性的行為，如何影響決策	理查・塞勒	450

書　號	書　　　　名	作　　者	定價
QC1040	價格的祕密	羅素·羅伯茲	320
QC1041	一生做對一次投資：散戶也能賺大錢	尼可拉斯·達華斯	300
QC1042	達蜜經濟學：.me.me.me…在網路上，我們用自己的故事，正在改變未來	泰勒·科文	340
QC1043	大到不能倒：金融海嘯內幕真相始末	安德魯·羅斯·索爾金	650
QC1044	你的錢，為什麼變薄了？：通貨膨脹的真相	莫瑞·羅斯巴德	300
QC1045	預測未來：教你應用賽局理論，預見未來，做出最佳決策	布魯斯·布恩諾·德·梅斯奎塔	390
QC1046	常識經濟學：人人都該知道的經濟常識（全新增訂版）	詹姆斯·格瓦特尼、理查·史托普、德威特·李·陶尼·費拉瑞尼	350
QC1047	公平與效率：你必須有所取捨	亞瑟·歐肯	280
QC1048	搶救亞當斯密：一場財富與道德的思辯之旅	強納森·懷特	360
QC1049	了解總體經濟的第一本書：想要看懂全球經濟變化，你必須懂這些	大衛·莫斯	320
QC1050	為什麼我少了一顆鈕釦？：社會科學的寓言故事	山口一男	320
QC1051	公平賽局：經濟學家與女兒互談經濟學、價值，以及人生意義	史帝文·藍思博	320
QC1052	生個孩子吧：一個經濟學家的真誠建議	布萊恩·卡普蘭	290
QC1053	看得見與看不見的：人人都該知道的經濟真相	弗雷德里克·巴斯夏	250
QC1054C	第三次工業革命：世界經濟即將被顛覆，新能源與商務、政治、教育的全面革命	傑瑞米·里夫金	420

経済新潮社　〈自由學習系列〉

書　號	書　　名	作　　者	定價
QD1001	想像的力量：心智、語言、情感，解開「人」的祕密	松澤哲郎	350
QD1002	一個數學家的嘆息：如何讓孩子好奇、想學習，走進數學的美麗世界	保羅・拉克哈特	250

QD1001

想像的力量

心智、語言、情感，解開「人」的祕密

松澤哲郎／著
王道還／內容審訂
呂佳蓉／編譯監修
定價350元

本書榮獲2011年日本科學新聞人獎、第65屆每日出版文化獎（自然科學類）。

人，何以為人？
本書從比較認知科學的角度，觀察人類演化的近親——黑猩猩，探索人類認知過程的起源。
原來，人與黑猩猩最大的不同，在於人類擁有想像的力量——
即使當下感到絕望，也會對未來懷抱希望，也因此，世界可以持續進步與發展。

人類的心智，是怎麼演化而來的？
如同人類的身體是演化的產物，人類的心智，一樣也是演化的產物。

本書作者松澤哲郎是靈長學的權威，他發現，世界上並沒有所謂「心智的化石」，可以提供我們研究人類認知演化的起源。然而，藉由瞭解人類演化的近親——黑猩猩，可以帶領我們一窺人類認知演化的奧祕。
人類與黑猩猩的DNA排列方式僅有1.2%的不同，但兩者之間究竟有何差異？本書透過研究人類演化的近親——黑猩猩的心智、語言、情感，藉由比較兩者相異之處，可以知道人類心智的哪個部分最為獨特，也得以窺見教育方式、親子關係或社會演化的起源。
作者發現，黑猩猩雖然沒有類似人類的語言，但是，從某種角度而言，黑猩猩之間情感牽絆的深厚程度，甚至遠超過人類。

本書從心智的歷史學開始，探討人類會共同養育後代、用微笑凝視培養親子關係、懂得分工合作、善用各種工具，以及會教導和學習、有語言也有記憶，導出人類成長與演化的動能，在於想像的力量——即使我們很容易感到絕望，然而，在絕望之餘，我們擁有想像的力量，能夠寄望於未來。也因此，這個世界能夠繼續進步與發展。

作者簡介

松澤哲郎（Tetsuro MATSUZAWA）

京都大學靈長類研究所思考語言課程教授。1950年出生，1974年畢業於京都大學文學部哲學系，理學博士。1978年起，他開始進行名為「小愛計畫」的黑猩猩心智研究。從1986年開始，每年都前往非洲對野生黑猩猩進行野地生態調查。2000年，以包括小愛和小步在內的三對黑猩猩母子為對象，開始進行黑猩猩的知識和技術如何傳承給下一代的研究，探索人類心智與行為演化的起源，開啟「比較認知科學」的研究領域。他也是日本學術會議會員，曾獲頒日本紫帶勳章（對學術、藝術、運動領域有卓越貢獻者）。

他著有《演化的近親——人類與黑猩猩》《黑猩猩的心智》《黑猩猩是猩猩人——小愛與非洲的夥伴們》（以上由岩波書店出版）；《黑猩猩眼中所看到的世界》（東京大學出版會出版）；《森林傳奇・黑猩猩》（繁體中文版由知識風出版）；《小愛與小步》（講談社出版）。

編有《人，何以為人？》《心智的進化》（以上由岩波書店出版）；《黑猩猩的認知與行為之發展》（京都大學學術出版會出版）等。

好評推薦

「《想像的力量》是松澤教授三十年的研究成果摘要，以『人之所以為人』為貫串各章的問題意識，讀來引人入勝、興味盎然。」 ──王道還（生物人類學者）

「為什麼唯獨人類女性要隱藏自己的排卵期？為什麼黑猩猩的記憶能力比人類還要優秀？閱讀本書的樂趣，絕非僅只搜尋這些問題的解答而已。能以自由的雙手拿取物品的，就是人類嗎？能以語言相互交流的，就是人類？人類究竟是什麼？從黑猩猩身上，人類獲得什麼啟示？

『能夠發揮想像的力量，對未來擁有希望的生物，只有人類！』

此項演化觀點，絕不是分子生物學和化石研究所能窺見的。誠摯推薦本書，給熱愛生命、對未來懷抱熱情與希望的你，人類！」

──呂念宗（呂亞立）（國立新化高中生物科老師）

國家圖書館出版品預行編目資料

一個數學家的嘆息：如何讓孩子好奇、想學
習，走進數學的美麗世界／保羅·拉克哈
特（Paul Lockhart）著；高翠霜譯. -- 初
版. -- 臺北市：經濟新潮社出版：家庭
傳媒城邦分公司發行, 2013.06
　　面；　公分. --（自由學習；2）
譯自：A mathematician's lament
ISBN 978-986-6031-35-9（平裝）

1. 數學教育

310.3　　　　　　　　　　　　102010356